海上稠油热采地质油藏方案设计方法及应用

HAISHANG CHOUYOU
RECAI DIZHIYOUCANG
FANGAN SHEJIFANGFA JI YINGYONG

田冀 著

中国石化出版社
HTTP://WWW.SINOPEC-PRESS.COM

内容提要

《海上稠油热采地质油藏方案设计方法及应用》系统介绍了海上稠油热采地质油藏方案设计流程、基本内容和技术体系，重点讲述了海上稠油热采与陆地常规稠油热采方案设计中的不同之处，如稀探井评价井条件下储层隔夹层的识别技术、海上稠油热采合理井距确定、大井距水平井热采情况下油藏指标的预测方法、海上稠油热采技术经济界限研究等内容，为海上稠油热采方案设计提供了基本的技术指南。本书适合从事海上稠油热采地质油藏方案设计人员及相关技术、管理人员阅读参考。

图书在版编目（CIP）数据

海上稠油热采地质油藏方案设计方法及应用 / 田冀著 . -- 北京 : 中国石化出版社，2018.10
ISBN 978-7-5114-5077-7

Ⅰ . ①海… Ⅱ . ①田… Ⅲ . ①海上油气田—高粘度油气田—热力采油—设计方案 Ⅳ . ① TE534.5

中国版本图书馆 CIP 数据核字（2018）第 243878 号

中国石化出版社出版发行
地址：北京市朝阳区吉市口路 9 号
邮编：100020 电话：（010）59964500
发行部电话：（010）59964526
http：//www. sinopec-press. com
E-mail：press@ sinopec. com
北京艾普海德印刷有限公司印刷
全国各地新华书店经销
*
710×1000 毫米 16 开本 12 印张 230 千字
2019 年 2 月第 1 版 2019 年 2 月第 1 次印刷
定价：98.00 元

前言
PREFACE

中国海上稠油资源丰富。截至2017年年底，已探明的海上稠油储量占中海油国内海域总石油地质探明储量的46.4%，稠油产量占中海油国内海域原油产量的25.3%。海上已动用的稠油储量主要是地下原油黏度50～350mPa·s的常规稠油，开发方式以水驱、聚合物驱为主。地下原油黏度大于350mPa·s特殊稠油探明储量以冷采动用为主，仅动用了1.0×10^8t，储量动用程度低，与渤海湾盆地周边的辽河和胜利油田存在较大差距。

海上稠油热采开发不同于陆上油田，面临探井/评价井少、海上平台面积有限、安全环保要求高、开采成本高等难题，陆上成熟的稠油热采开发技术不能照搬应用到海上。如何提高海上稠油油田热采开发单井产量、降低开发成本、提高油田经济效益是研究的关键。为有效推动海上特殊稠油资源动用，中海油于2008年在渤海南堡35-2油田南区开展了多元热流体吞吐热采先导试验，开启了国内海上油田热采开发的序幕。截至2017年年底，已实施多元热流体注热28井次。2013年在旅大27-2油田开展了蒸汽吞吐热采先导试验，截至2017年年底，已实现4井次注热。两个热采先导试验实施效果较好，热采井的单井初期产量达到冷采井的2倍以上。海上稠油热采先导试验推动了地下原油黏度大于350mPa·s的渤海稠油储量动用和海上稠油热采技术的发展。海上稠油热采逐步成为渤海油田产量稳产接替的主要阵地之一。

近年来，为将热采现场试验成果应用于规模化海上稠油热采方案编制之中，推动渤海特殊稠油储量转化为原油产量，中海油研究总院有限责任公司承担了总公司稠油热采专项技术研究任务，组织力量开展了多个海上稠油油田的热采开发方案编制，解决了海上稠油热采方案设计的一系列特殊性问题，初步形成了一套具有海上热采特色的地质油藏设计方法。

本书总结了5个油田热采地质油藏方案设计的实践经验基本包含了常见的特殊稠油储量类型，希望对后续海上稠油热采研究人员有所启发。同时，在研究过程中我们也感受到，海上稠油热采“择优动用、少井高产”的思路，对低油价下陆地油田稠油热采方案设计也同样具有一定的借鉴意义。例如，在加拿大油砂开发研究中，中海油研究总院团队通过储量品质评价、井位优化等工作，实现了开发方案经济性的大幅度提升。

本书在研究过程中得到了中海油有限公司开发生产部领导、天津分公司稠油热采项目组的帮助及中海油研究总院有限责任公司开发总师张金庆的指导和支持，在成稿过程中又得到了胡光义、朱国金、谭先红、王晖、范廷恩、刘新光、范洪军、袁忠超、郑伟、郑强、李卓林、王泰超等同志的帮助。中国石油大学（北京）的李相方教授、中国石油大学（华东）的闫传梁讲师，中科合力有限责任公司的刘大宝、王建国等也对书中的具体技术细节提供了帮助，在此表示衷心的感谢。

由于编者水平有限，成书过程中虽然参考了许多文献及资料，并经过专家多次审查和修改，但难免有瑕疵，不足之处望读者批评指正。

田　冀

2018年秋于北京

目录
CONTENTS

第一章

海上特殊稠油概况

第一节　海上特殊稠油定义

我国现行的稠油分类标准[1]主要基于陆地油田经验，依据不同开发方式划分。在陆地油田，地下原油黏度超过150mPa·s建议采用注蒸汽热采开发。由于海上油田开发特殊的技术经济条件，开发方式的选取与陆地油田有所不同。因此，基于海上油田的开发实践，本书定义了符合海上特点的稠油黏度划分标准。

根据中海油天津分公司研究结果[2]，地下原油黏度低于350mPa·s的海上油藏，采用水平井水驱与弱凝胶调驱相结合的方式能够保证一定的开发效果：其定向井初期产能30～85t/d，水平井初期产能50～105t/d，经过开发调整后预测采收率为19%～27%（见表1–1）。

表1–1　海上原油黏度150～350mPa·s*油藏开发效果统计表

油田名称	区块/平台/层位	油层厚度/m	渗透率/mD	地层原油黏度/mPa·s	单井初期产能		预测平均单井累产		调整后采收率/%
					定向井/（t/d）	水平井/（t/d）	定向井/10^4t	水平井/10^4t	
BHS36	C	50.5	1977	291	39.0	105.0	14.0	20.0	26.7
BHQ32	西区	18.0	3582	260	35.0	65.0	10.0	15.0	24.3
BHB25南	F	15.0	3150	276	31.0	53.0	9.0	12.5	24.6
BHL5	Ed_2^U	34.3	6406	272	84.0	105.0	15.2	21.7	19.1

注：*指油层条件下的黏度。

海上地下原油黏度大于350mPa·s的边水油藏，试验性注水开发效果不佳，水平井初期产能35～70t/d，预测采收率仅为4.9%～8.9%，结合陆地经验，这部分储量动用需要进行热采开发（见表1–2）。

表1-2　海上原油黏度大于350mPa·s*油藏开发效果统计表

油田名称	区块/平台/层位	油层厚度/m	渗透率/mD	地层原油黏度/mPa·s	单井初期产能		预测平均单井累产		调整后采收率/%
					定向井/(t/d)	水平井/(t/d)	定向井/10^4t	水平井/10^4t	
BHN35	南区	8.6	4564	650	18	35.0	4.2	—	4.9
BHL32	—	18.5	2793	437	—	69.0	—	10.0	8.9
BHC	NgⅡ	16.2	1710	512	—	53.6	—	9.2	6.1

注：*指油层条件下的黏度。

海上部分地下原油黏度大于350mPa·s的底水油藏，采用水平井天然能量开发也表现出较好的效果，如表1-3所示。渤海CFD（曹妃甸）11-1油田Um797砂体属底水稠油油藏，地下原油黏度350～425mPa·s，水平井冷采单井高峰产能大于250m^3/d，预测单井累产油量12.6×10^4～25.6×10^{4}m^3；LD（旅大）32-2油田Nm2油藏属于底水稠油油藏，地下原油黏度为437mPa·s，采用水平井冷采开发单井高峰产能平均93m^3/d，预测单井累产油量6.9×10^{4}m^3；旅大27-2油田Nm-1187砂体属于底水稠油油藏，地下原油黏度为1000mPa·s，是目前渤海常规水驱开发地下原油黏度最大的油藏，该油藏A15H井高峰产能为43m^3/d，生产4.6年累产油量3.4×10^{4}m^3，之后由于含水率升高，产能逐渐降低至18m^3/d左右，侧钻至其他油组。因此，综合认为，地下原油黏度超过1000mPa·s的油藏难以满足海上油田的产能及单井累产经济界限。目前我们将海上稠油冷采开发的黏度高限定为地下原油黏度1000mPa·s。

表1-3　海上原油黏度350～1000mPa·s*采用冷采油藏开发效果统计表

油田名	油藏类型	地下原油黏度/mPa·s	渗透率/D	流度/(mD/mPa·s)	厚度/m	开发方式	井型	单井高峰产能/(m^3/d)	平均单油井累产油量/10^4m^3
CFD11-1 Um797砂体	底水	350～425	2.6	6.5	23	底水驱	水平井	＞250	12.6～25.6
LD32-2 Nm2油组	底水	437	3.1	7.1	60	底水驱	水平井	93	6.9
LD27-2 Nm-1187砂体	底水	1000	3.7	3.7	20	底水驱	水平井	43	3.4

注：*指油层条件下的黏度。

在以上研究的基础上，基于行业标准《SY/T6169—1995油藏分类》中3.1.4稠油分类表，将普通稠油I–2类细分为普通稠油I–2–A、I–2–B和I–2–C三类，将地下原油黏度350mPa·s作为水驱开发为主与热采开发为主的界限，将地下原油黏度1000mPa·s作为稠油水驱开发的黏度高限，形成海上稠油分类标准，如表1–4所示。其中，将地下原油黏度大于350mPa·s的稠油定义为海上特殊稠油。

表1–4　中海油与国内行业标准稠油分类对照表

<table>
<tr><th rowspan="2">名　称</th><th colspan="5">行业标准</th><th colspan="5">中海油标准</th></tr>
<tr><th colspan="2">级　别</th><th>主要指标
原油黏度/
mPa·s</th><th>辅助指标
相对密度
/f</th><th>开采
方式</th><th colspan="2">级　别</th><th>原油黏度/
mPa·s</th><th>开采方式</th><th>别称</th></tr>
<tr><td rowspan="4">普通稠油</td><td rowspan="4">Ⅰ</td><td>Ⅰ–1</td><td>>50*～150*</td><td>>0.92</td><td>注水</td><td>Ⅰ–1</td><td>—</td><td>>50*～150*</td><td>水驱</td><td rowspan="2">海上常规稠油</td></tr>
<tr><td rowspan="3">Ⅰ–2</td><td rowspan="3">>150*～10000</td><td rowspan="3">>0.92</td><td rowspan="3">注蒸汽</td><td rowspan="3">Ⅰ–2</td><td>Ⅰ–2–A</td><td>>150*～350*</td><td>水驱</td></tr>
<tr><td>Ⅰ–2–B</td><td>>350*～1000*</td><td>热采为主，部分水驱</td><td rowspan="4">海上特殊稠油</td></tr>
<tr><td>Ⅰ–2–C</td><td>>1000*～10000</td><td>热采</td></tr>
<tr><td>特稠油</td><td>Ⅱ</td><td>—</td><td>>10000～50000</td><td>>0.95</td><td>注蒸汽</td><td>Ⅱ</td><td>—</td><td>>10000～50000</td><td>热采</td></tr>
<tr><td>超稠油（天然沥青）</td><td>Ⅲ</td><td>—</td><td>>50000</td><td>>0.98</td><td>注蒸汽</td><td>Ⅲ</td><td>—</td><td>>50000</td><td>热采</td></tr>
</table>

注：*指油层条件下的黏度，其他指油层温度下的脱气油黏度。

第二节　海上稠油储量特点及开发难点

一、海上特殊稠油储量特点

目前发现的海上特殊稠油油田主要分布在渤海海域。截至2014年年底，渤海油田已发现特殊稠油三级地质储量为7.8×10^{8}t，含探明石油地质储量4.5×10^8t，其中Ⅰ-2-B类稠油储量占比58%，Ⅰ-2-C类储量占比27%；特、超稠油（Ⅱ类、Ⅲ类）占比15%（见图1-1）。已动用特殊稠油储量仅占13%，年产油量不足50×10^4t，其中热采动用储量为900×10^4t，热采年产油量为12×10^4t，占当年渤海油田总产量的0.4%，与辽河油田（55%）和胜利油田（15%）存在较大差距。

渤海油田特殊稠油油藏特点可以概括为以下四点。

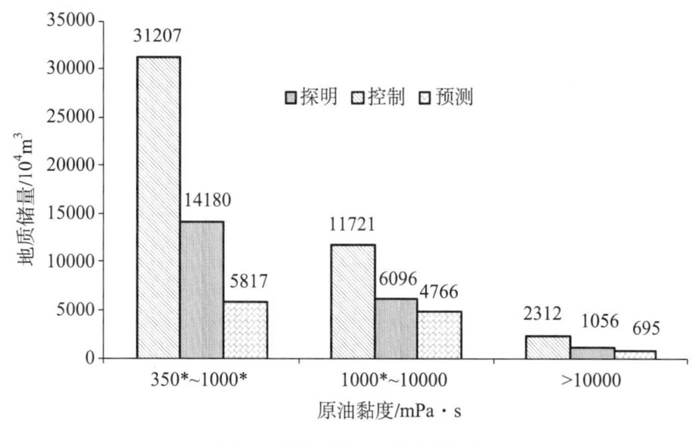

（注：*指油层条件下的黏度。）

图1-1 渤海特殊稠油储量构成

特点一：**油藏埋藏深，87%储量属于深层稠油储量。**

据统计，87%的海上特殊稠油储量属于深层稠油储量（埋深900~1600m），中深层储量占比13%（见表1-5）。海上特殊稠油油田油藏埋藏深度明显深于加拿大（埋深100~500m）、委内瑞拉（600~1200m）以及国内的新疆、河南油田。埋藏深对应的地层压力较高，在相同的注汽干度情况下对蒸汽发生器的输出温度和压力要求高。

表1-5 国内五大主力稠油油田不同深度储量比例对比 %

油田	浅层（<600m）	中深层（600~900m）	深层（900~1600m）
胜利	—	—	100
辽河	—	16	84
新疆	100	—	—

续表

油田	浅层（<600m）	中深层（600～900m）	深层（900～1600m）
河南	85	15	—
渤海	—	13	87

同时，海上开发需采用丛式井网生产，斜深远大于垂深，南堡35-2油田14口热采井的斜深平均为垂深的1.9倍（见图1-2）。较大的斜深进一步增加了井筒热损失，降低了热利用效率，必须采取高效的井筒保温措施。

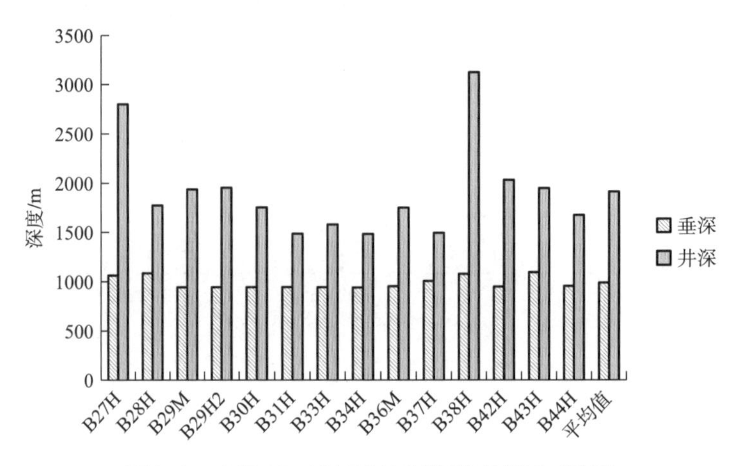

图1-2 南堡35-2油田热采井垂深/井深对比图

特点二：*储层相对较薄*。

在已发现的稠油储量中，53%的砂体厚度小于5m，厚度小于10m的储量占43%（见表1-6）。而加拿大热采油田的连续油层厚度一般为10～50m，委内瑞拉油层连续厚度为15～80m。

表1-6 渤海油田特殊稠油砂体厚度统计表

厚度/m	砂体数/个	砂体百分数/%	储量/10^4m^3	储量百分数/%
<3	22	18.5	846	4.2
3～5	41	34.5	2877	14.4
5～10	33	27.7	4949	24.8
10～15	11	9.2	4596	23.0

续表

厚度/m	砂体数/个	砂体百分数/%	储量/10^4m^3	储量百分数/%
15～20	6	5.0	1013	5.1
>20	6	5.0	5677	28.4

特点三：储层物性好，具有高孔高渗特征，但非均质性强、夹层较发育。

储层主要位于馆陶组、明化镇组，以河流相沉积为主，分选、磨圆较好，以高孔高渗为特征。

大部分储层渗透率变异系数较大，非均质性强。据统计，渗透率变异系数为0～0.6的储量仅占总储量的36.7%，而加拿大热采稠油油田储层以海相沉积为主，委内瑞拉以三角洲相为主，其渗透率变异系数均为0.3～0.5。

夹层以泥岩或砂砾岩为主。泥岩夹层具有高伽马、低密度、高声波、低中子孔隙度的测井响应特征，砂砾岩夹层具有高伽马、高密度、低声波、低中子孔隙度测井响应特征。夹层厚度一般小于3m，平面分布规模不等。

特点四：油藏边底水活跃，仅41%的储量位于纯油区。

油藏类型以边水油藏为主，其次是底水油藏。边水油藏具有平缓的构造特征，过渡带比例较大，水体规模受构造、岩性双重控制；底水油藏多以刚性水体为主。统计发现，特殊稠油储量中底水油藏占23%，边水油藏占77%（其中边水纯油区储量占41%，边水过渡带储量占36%）。陆上和海上经验均说明，由于受到水的影响，底水和过渡带处稠油热采效果差于边水纯油区。

二、海上特殊稠油储量开发难点

相比于陆上油田，在地质油藏方案设计方面，海上油田稠油热采主要有以下难点。

难点一：海上稠油热采关键地质因素精细描述难度大。

通过调研辽河曙光、欢喜岭等陆上油田稠油热采的成功经验和失败教训，可总结出稠油热采主要面临边底水入侵、层间干扰、汽窜、出砂等问题，主要受油层厚度、构造倾角、小断层、渗透率、韵律性、平面非均质性、层间非均质性、层内非均质性、连通性及隔夹层等地质因素影响。

由于海上油田钻探费用高，探井、评价井密度远低于陆地油田，其井距一般都大于1km。同时海上地震资料采集方式与陆上不同，地震资料品质受限。在此资料基础上，开展小断层、隔夹层、储层非均质性研究难度很大，研究结果存在较大的不确定性，需要充分挖掘三维地震信息，在地质模式指导下开展井震资料结合分析工作，降低稠油热采关键地质因素认识的不确定性。

难点二：海上稠油热采需采用大井距、水平井，以实现少井高产。

为了回收高昂的开发投资，海上稠油热采要求少井、高产，大井距（200m以上）、水平井就成为较好的选择，这与陆上油田普遍采用的70m井距直井正方形热采井网有很大不同。

本书通过室内物理模拟和渗流理论推导，得到海上不同储层性质和原油黏度下的水平井动用范围图版，为海上热采井位部署提供了理论支撑。

难点三：海上稠油热采投资大，方案预测精度要求高。

由于采用平台开发，投产后生产设施调整难度大、费用高，难以在生产过程中大幅度调整，这就要求在前期设计阶段尽量提高指标预测精度。同时，由于海上试采费用极高，无法对每个油田开展先导试验区试采，因此缺乏本油田试验区生产数据，无法开展精细的类比研究，必须开展精准的数值模拟研究，以规避开发决策风险。

现行的油藏数值模拟软件主要应用在陆地油田热采的密井网之中。密井网的特点是：整个油藏在开发后期全部处于加热范围之内，地层温度和流体性质差异不大；稀井网中油藏大部分区域处于加热范围之外，在这种情况下，近井区域压力、温度的反复变化造成岩石物性的变化及远井地带的稠油启动压力梯度对生产的影响都比较大，在数值模拟过程中必须予以精准表征，以提升指标预测精度。

第三节　海上稠油热采试验区开发效果

中海油自2008年开始，分别在渤海南堡35-2油田和旅大27-2油田开展多元热流体吞吐和蒸汽吞吐热采先导试验。截至2017年年底，累计实施热采试验井22口，累产原油$64.0\times10^4m^3$。

一、南堡35-2油田多元热流体吞吐试验开发效果

南堡35-2油田位于渤海中部海域石臼坨凸起西部，是一个由半背斜、复杂断块、南北斜坡带三种圈闭类型组成的北东走向的复式鼻状构造。根据油田构造特点、储层发育特点及流体性质分布特点，油田分为北区和南区。北区采用常规注水开发，南区采用冷热并举的开发策略。南区储量主要分布于$Nm0^5$、$Nm0^9$、NmI^{1+2}三个主力砂体，储层平均厚度为6.8m，具有高孔高渗的特征，孔隙度主要分布于28.0%～44.0%（平均35.0%），渗透率为100～5000mD（平均4245mD）。南区含蜡量为1.5%～8.1%，胶质+沥青质含量为19.8%～50.3%，含硫量为0.29%～0.51%，地面原油密度（20℃）为0.964～0.978g/cm^3，地层原油黏度为700～1500mPa·s，属于Ⅰ-2-B类普通稠油。

南堡35-2油田南区于2005年9月投产，采用常规冷采开发，由于地层原油黏度高，冷采井产能低、含水上升快，部分井投产即高含水甚至暴性水淹。单井产能和采收率都无法满足海上高速高效开发的要求。为了改善开发效果、提高单井产能和采收率，提高砂体储量动用程度，实现南堡35-2油田南区高速高效开发，研究人员编制了南堡35-2热采调整方案：采用多元热流体吞吐开发，设计18口调整井，井距200～250m，水平段长度200～350m。多元热流体注入温度250℃，注汽干度为0（受注入设备能力限制），日注入量为300m^3/d，周期注入水量为5000m^3，焖井时间为5天。调整方案预测南堡35-2油田南区高峰年产油31.8×10^4m^3，采油速度1.6%，生产至2025年累积产油量260.0×10^4m^3。

自2008年起，研究人员逐步开展南堡35-2油田多元热流体吞吐现场试验，先后经历三个阶段：老井热采及装备验证试验阶段、新井热采及防砂完井验证试验阶段和热采扩大试验阶段。先后在B14M井、B2S井、B28H等20口井开展多元热流体吞吐试验（见图1-3），目前已有4口井开展第三轮次吞吐。南区热采试验区日产油由冷采阶段200m^3/d上升至热采阶段的550m^3/d，如图1-4所示。

（1）热采井生产动态特征

根据区块热采井日产油量及含水率变化特征，可将热采井归纳为两类。

第Ⅰ类：产油稳定、低含水稳定型。该类型热采井产油量及含水率变化具有相似的特征，产油量处于较稳定的状态，递减缓慢；含水率低且保持较好，热采井开发效果较好，单井年均累积产油1.83×10^4m^3，最高的井第一年累积产

油 $2.48\times10^4m^3$；含水率基本稳定在20%以内，最低仅9.7%。为探寻该类型热采井开发效果较好的原因，我们统计了各热采井水平段长度、跟端和趾端在平面及垂向上距离边水的距离、产油量等参数，如表1-7所示。该类型热采井渗透率、有效厚度相差不大，且均处于纯油区，在平面上各井距内含油边界的最短距离保持在300m以上；垂向上离边水有一定距离，开发过程中未见边水的突进，热采未受边水的影响。

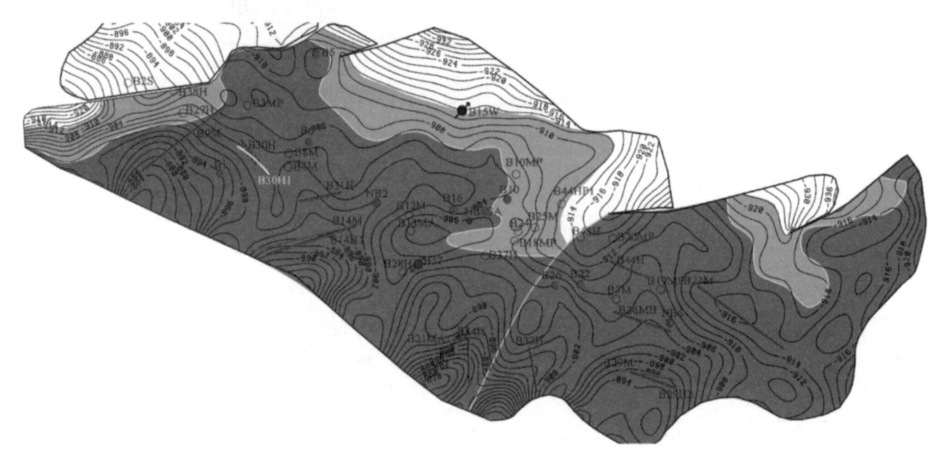

图1-3　南堡35-2油田南区 NmO^5 砂体顶面构造及井位图

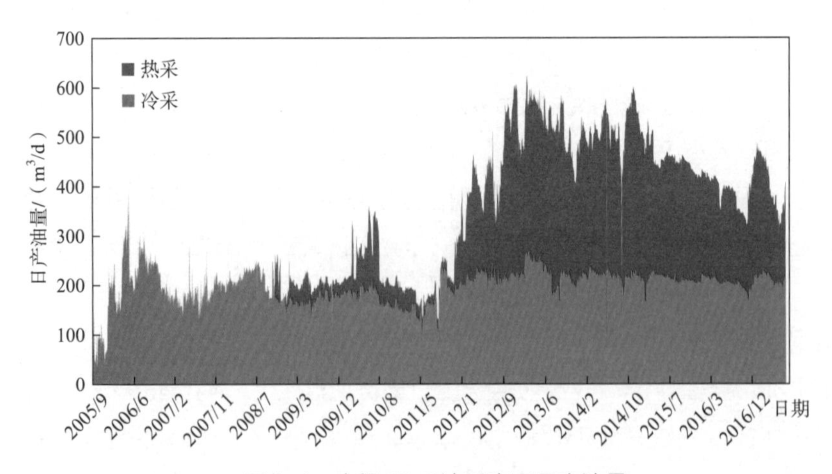

图1-4　南堡35-2油田南区日产油量

表1-7　第Ⅰ类热采井参数统计表

井号	水平段长度/m	距离边水距离/m				有效厚度/m	渗透率/$10^{-3}\mu m^3$	截至目前累产油量/m^3	生产时间/年	年平均累产油/m^3	目前含水/%
		跟端		指端							
		平面	垂向	平面	垂向						
B31H	196	300	5.6	500	6.7	11.0	4283	15064	0.90	16738	19.2
B34H	191	450	10.7	700	11.7	12.0	8623	32236	1.30	24797	9.7
B33H	163	1300	19.0	1500	17.4	7.0	4919	31624	1.85	17094	11.6
B29H2	178	950	19.1	750	17.4	4.5	4970	11966	0.68	17597	21.0
B36M	221	800	8.0	550	8.0	6.0	4470	32545	1.69	19257	19.5
B44H	199	950	5.4	770	5.4	7.0	4199	14452	1.02	14169	9.7
平均	190	792	11.3	795	11.1	7.9	5244	22981	1.20	18275	15.1

第Ⅱ类：产油快速下降、含水快速上升型。该类型热采井含水率呈近似直线上升，随含水率的上升日产油量递减较快，单井年均累产油仅$1.00\times10^4m^3$，含水率高达80%，开发效果较差。我们统计了各热采井的水平段长度、跟端和趾端距离边水的距离、产油量等参数，如表1-8所示。该类型的热采井均处于纯油区内，但距离内含油边界较近，如B28H井距离边水130m，B43H井距离边水仅50m。距离边水过近导致在开发过程中边水快速突进，含水率急剧上升，影响热采开发效果。

通过热采井开发生产动态归纳分析，我们认为，对于边水油藏，为避免边水突进对热采开发效果的影响，建议热采井在距离内含油边界200m以外部署。

表1-8　第Ⅱ类热采井参数统计表

井号	水平段长度/m	距离边水距离/m				有效厚度/m	渗透率/$10^{-3}\mu m^3$	截至目前累采油量/m^3	生产时间/年	年平均累产油/m^3	目前含水/%
		跟端		指端							
		平面	垂向	平面	垂向						
B28H	220	130	13.7	300	9.5	14.0	3943	29311	2.90	10107	81.6
B43H	171	300	10.7	50	11.7	10.0	3131	11507	1.15	10006	77.4
平均	196	215	12.2	175	10.6	12.0	3537	20409	2.03	10057	79.5

（2）热采吞吐井有效期

确定多元热流体吞吐井的有效期是准确计算热采增油量、评价热采效果以及转入下一轮次的关键。有效期的确定一般以流温法为主，参考米采油指数法。流温法确定有效期即热采井井底流温下降至同层位相邻冷采井流温所经历的生产时间；米采油指数法确定有效期即热采井的米采油指数下降到同层位相邻冷采井的米采油指数所经历的生产时间。以南堡35–2油田B34H井为例，将该井流温及米采油指数数据与同层位相邻井B14M井进行对比，如图1–5所示。热采井开井生产至两井流温曲线或米采油指数曲线出现交叉点时所经历的时间即B34H井的有效期。从图1–5中可见，流温法及米采油指数法确定的B34H井有效期接近，分别为341天和333天。

利用流温法及米采油指数法对南堡35–2油田热采井有效期进行评价，确定的各井热采有效期为240～339天，平均为298天。

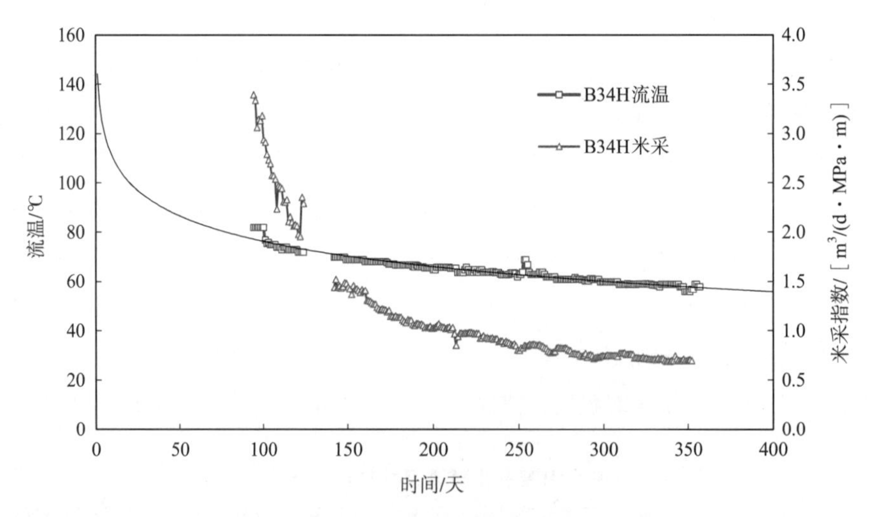

图1–5　流温法及米采油指数法确定有效期

（3）热采与冷采开发效果对比

为准确评价多元热流体吞吐热采开发效果，采取两种方式进行分析：①对比同井注热前后开发效果，如图1–6所示。可见，B14M井及B33H井热采阶段第1个月平均日产油量是冷采阶段的2倍，前3个月平均日产油量是冷采的1.6倍，第1年平均日产油量为冷采阶段的1.4～1.5倍。②对比同层位相邻位置冷热采井产量，如图1–7所示。第1对比组表明，热采井B36M和B44H井前3个

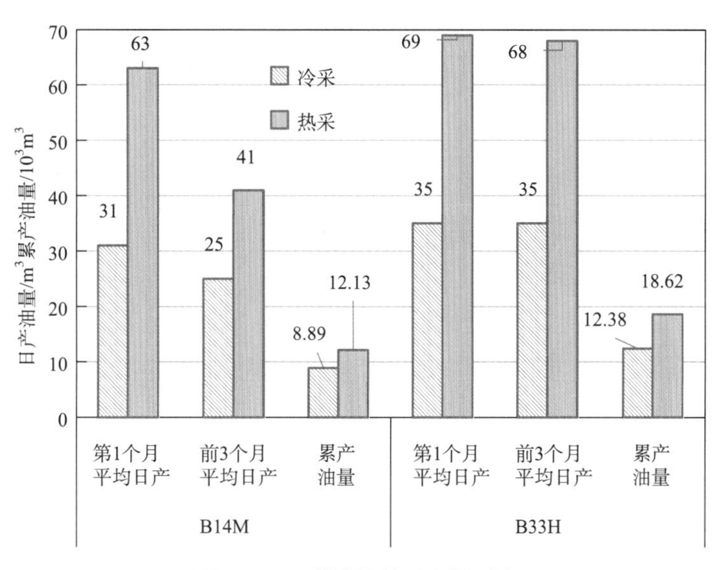

图1-6　同井注热前后产量对比

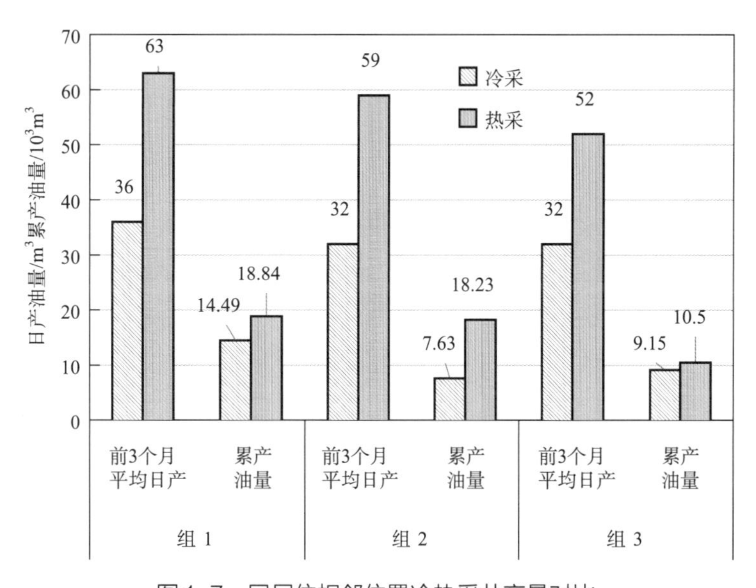

图1-7　同层位相邻位置冷热采井产量对比

月平均日产油 $63m^3/d$，是同层位相邻位置冷采井B23M的1.8倍；第一年累产油量为 $1.88\times10^4m^3$，是B23M井的1.3倍。考虑到冷采井B23M水平段有效长度为452m，热采井B36M和B44H井水平段有效长度平均为210m，折算后在相同水平段长度下的热采井累产油量可达冷采井的1.5倍。第2对比组表明，热采井

B28H前3个月平均日产油为59m³/d，是相邻冷采井B12M的1.8倍，第一年累产油为$1.82 \times 10^4 m^3$，是冷采井B12M的2.4倍。第3对比组表明，热采井B43H前3个月平均日产油为冷采井B20M的1.7倍，第一年累产油量是冷采井B20M的1.2倍。对两种方式进行综合分析，热采井的周期平均产能和累产油量均是冷采井的1.5～2.0倍，热采开发效果明显好于冷采。

（4）影响因素分析

从对热采井生产动态特征分析来看，热采井距离边底水远近是影响热采开发效果的主要因素（见表1–7和表1–8）。热采井与边水距离太近，易于造成边底水突进，造成热利用效率降低，影响热采产量。

注入温度、周期注入量等注入参数也是影响开发效果的重要因素。注入温度越高、周期注入量越大，热流体携带热焓越大，降黏效果越好。

原油黏度、水平段有效长度和储层厚度等地质油藏因素也会影响开发效果。原油黏度越低，热采井累积油量越高。与B31H相比（见表1–9），B36M井原油黏度低，其他参数基本相当，其累积产油量较高。油层厚度越大单井周期累积采油量越高，B34H井钻遇油层厚度最大，达到12m，这是该井热采效果较好的原因之一。

表1–9　南堡35–2油田热采井主要参数表

井号	有效长度/m	有效厚度/m	黏度/ mPa · s	周期注入量/ m³	累产油/10^4m^3
B31H	200	8	1541	3623	1.5
B36M	216	8	583	3583	2.0
B34H	202	12	853	3037	2.3

二、旅大27–2油田蒸汽吞吐试验开发效果

旅大27–2油田NmⅢ油组1小层1–1308砂体属于典型的河道型浅水三角洲沉积，河道平面、垂向叠置现象明显，且单砂体厚度平面分布差异较大，最厚18.2m，最薄2.9m，砂体平均厚度10.1m；孔隙度分布为25%～39%，平均34%；渗透率主要集中在330～11116mD，平均3786mD，属于高孔高渗型储层。地面原油密度0.983g/cm³，地面原油黏度4637mPa·s，地下原油黏度1000mPa·s。NmⅢ油组1小层1–1308砂体含油面积2.06km²，探明石油地质储

量269.00×10^{4}m^3。从2口冷采试采井开发效果来看，旅大27–2油田稠油常规冷采开发效果较差，需探索热采开发，以提高稠油储量动用程度。

为探索海上蒸汽吞吐开发规律，为边水油藏蒸汽吞吐开发奠定基础，2013年，研究人员依托现有井槽实施2口蒸汽吞吐先导试验井A22H和A23H，井位图如图1–8所示。

截至2018年6月，A22H和A23H井开展蒸汽吞吐注热5井次，其中A22H井已实施注热3井次，A23H井注热2井次。热采单井高峰日产油91m^3/d，热采累产油6.3×10^{4}m^3，单井周期平均日产油量44m^3/d，生产曲线如图1–9所示。

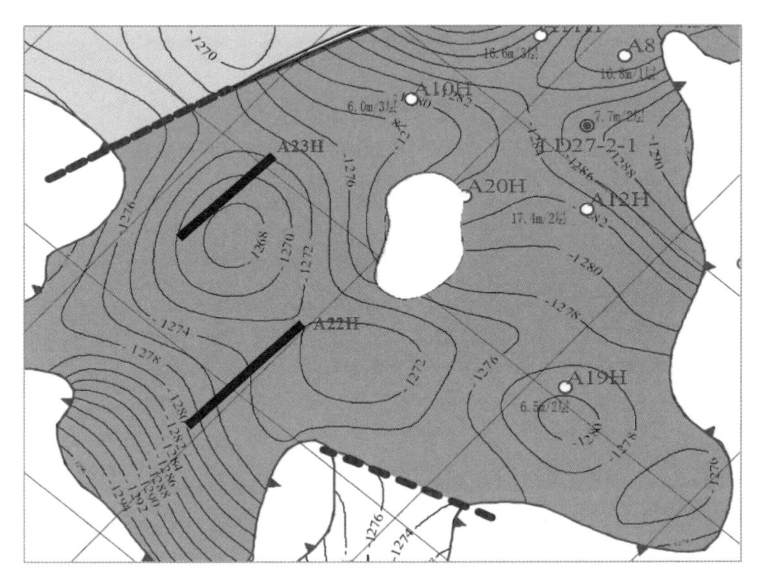

图1–8　旅大27–2油田1–1308砂体井位图

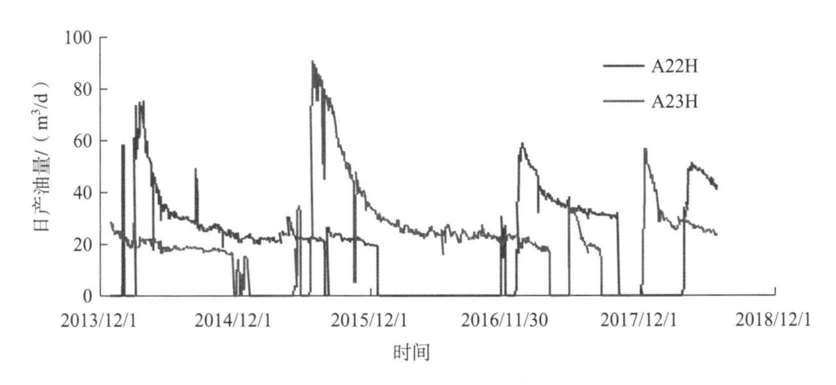

图1–9　旅大27–2热采试验井生产曲线图

（1）单井实施历程

①A22H井。

A22H井于2013年12月31日开始注蒸汽，2014年1月25日开始放喷，3月1日启泵生产，泵抽期最高产液120m^3/d，最高日产油量76m^3/d，转注蒸汽前冷采日产油量19.0m^3/d，含水率2%。热采第一周期累产油1.84×10^4m^3。2016年1月4日，停泵准备第二轮注热，9月29日开始第二轮注热，11月10日开始放喷，12月25日开始泵抽，热采最高日产油量59m^3/d，热采二轮次累产油量1.06×10^4m^3。2018年1月，实施第三轮注热，2月15日开始放喷，3月19日启泵生产，截至2019年6月30日，热采第三轮次累产油量0.42×10^4m^3，A22H总计累产油量3.32×10^4m^3。

②A23H井。

A23H井2013年12月11日开始冷采，2015年1月7日停泵换注热管柱，4月4日开始第一轮次注蒸汽，5月6日放喷，6月19日开始泵抽，第一轮累产油2.33×10^4m^3，A23H总计累产油3.07×10^4m^3。2017年10月1日开始第二轮次注热，10月29日放喷，12月3日开始泵抽，第二轮次高峰日产油量57m^3/d，截至2019年6月30日，A23H第二轮累产油量0.62×10^4m^3，A23H总计累产油量3.68×10^4m^3。

（2）热采实施效果

为评价蒸汽吞吐热采开发效果，对比热采与冷采开发效果，设计A23H先进行冷采开发，再进行蒸汽吞吐。统计油田热采井第一周期、冷采井日产油量及累产油量数据，如表1-10所示。可以看出，A23H井蒸汽吞吐高峰日产油91.0m^3/d，是冷采高峰日产油的2.0倍；蒸汽吞吐第1个月的平均日产油量为76m^3/d，是冷采的2.7倍；蒸汽吞吐第1年的累产油量为1.32×10^4m^3，是冷采的2.2倍，热采增油量0.71×10^4m^3。

表1-10　旅大27-2油田热采井实施效果统计表

井号	阶段	日产油量/（m^3/d）					累产油量/10^4m^3		目前含水/%
		高峰	第300天	第1个月平均	第1年平均	目前	第1年	截至目前	
A23H	冷采	45	17	27	20	17	0.61	0.78	3
	一轮	91	24	76	44	23	1.32	2.43	3

续表

井号	阶段	日产油量/（m^3/d）					累产油量/10^4m^3		目前含水/%
		高峰	第300天	第1个月平均	第1年平均	目前	第1年	截至目前	
A23H	二轮	57	—	48	—	47	—	0.10	38
A22H	一轮	76	22	66	35	20	1.04	1.84	2
	二轮	59	—	49	35	30	—	1.03	13

将A22H蒸汽吞吐井与同层位且油藏性质相近的A23H冷采进行对比，可以看出，A22H蒸汽吞吐高峰日产油76m^3/d，是冷采高峰日产油的1.7倍；蒸汽吞吐第1个月的平均日产油为64m^3/d，是冷采的2.3倍；蒸汽吞吐第1年的平均日产油为冷采的1.7倍。蒸汽吞吐第1年的累产油量为$1.04\times10^4m^3$，是冷采阶段的1.7倍。

仅从上述两口井蒸汽吞吐与冷采开发效果对比来看，蒸汽吞吐能显著改善稠油开发效果，第1个月平均日产油量达到冷采井的2.3～2.7倍，第1年的平均日产油量和累产油量是冷采井的1.7～2.2倍，平均2.0倍。第1年的平均产量和累产油量是冷采井的1.7～2.2倍，平均2.0倍左右。

第二章

海上稠油热采油藏描述关键技术

通过陆上稠油热采油田开发实践得知，稠油热采主要面临边底水入侵、层间干扰、汽窜、出砂等问题，主要受油层构造倾角、油层厚度、渗透率、韵律性、平面非均质性、层间非均质性、层内非均质性、小断层、隔夹层及边底水等地质因素影响。其中小断层、隔夹层和边底水是海上稠油热采地质油藏方案设计中较难描述的三个关键地质因素。

第一节　小断层精细预测技术

在保证信噪比和保真度的条件下，采用基于时频分析反Q滤波技术、对叠后地震数据进行提高分辨率处理，为小断层预测及储层反演提供合格的叠后地震资料。

一、处理要求

在提高分辨率处理时，为兼顾波组特征及同相轴的横向可追性，不能把分辨率无限制地提高，需找一个分辨率和信噪比的平衡点。在实际工作过程中，采用不同频率子波制作理论地震合成记录，根据井上砂体进行标定，确定达到目标分辨率的理论主频值及频带范围。在提高分辨率处理时把这个主频值及频带范围作为参考频率指标，在保证信噪比的情况下，尽量提高分辨率。

为确定地震资料提高分辨率的效果，可通过典型井分别采用不同频率的雷克子波制作合成记录来确定，图2-1是典型井分别采用55Hz、60Hz、65Hz、70Hz、75Hz、80Hz、90Hz雷克子波制作的合成记录。不同频率理论子波合成地震记录显示，75Hz的理论子波制作的合成记录可以较好地反映储层薄夹层，有利于小断层的预测，为此确定了地震资料提频上限是75Hz。

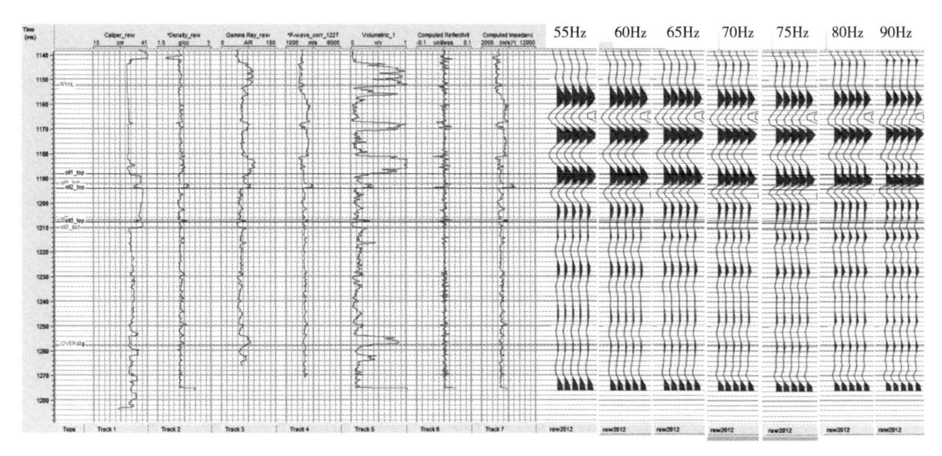

图2–1　典型井不同频率理论子波合成地震记录

二、基于时频分析的反Q滤波技术简介

声波在介质中传播时被吸收，使得子波不同频率的能量衰减，由于速度的散射相位出现扰动，在Q为常数的情况下，子波振幅、相速度散射之间有如下关系：

$$A(\omega, t) = A(\omega, 0)\exp(-\omega t/2Q)$$

$$V(\omega)/V(\omega_c) = (1 + \ln(\omega/\omega_c) * 1/Q\pi) \qquad (\omega < \omega_c)$$

$$V(\omega) = \text{常数} \qquad (\omega \geqslant \omega_c)$$

式中　Q——介质吸收因子；

t——旅行时间；

$A(\omega,0)$——初始子波振幅谱；

$A(\omega,t)$——子波在t时刻的振幅谱；

$V(\omega)$——应频率ω的相速度。

能量衰减幅度随频率和传播距离的增加而增加，相速度在ω_c之下随频率的增加而增加。

在实际应用中通过层速度、参数扫描分析叠加剖面及时频谱分析来确定补偿的参数。

本次试验以10为间隔扫描了从25到205一系列参数Q值，图2–2是参数值确定为110、120及130的结果，可以看出，在一般情况下，参数值越大，剖面的分辨率越高。当Q值小于等于110时，由于强同相轴的影响，弱反射同相轴没有显现出来，分辨率不高，不利于薄砂层的追踪对比和小断层的识别；但当Q值大于等于130时，剖面出现谐波效应，甚至有“挂面条”现象出现，破坏了剖面的波组特征，小断层的断点也不清晰，因此，综合分辨率、波组特征的横向稳定性、断层的清晰度、弱反射成像、波组中同相轴能量强弱关系的相对保持情况及后续反演对分辨率的需求，本次提高分辨率处理选择Q值为120。

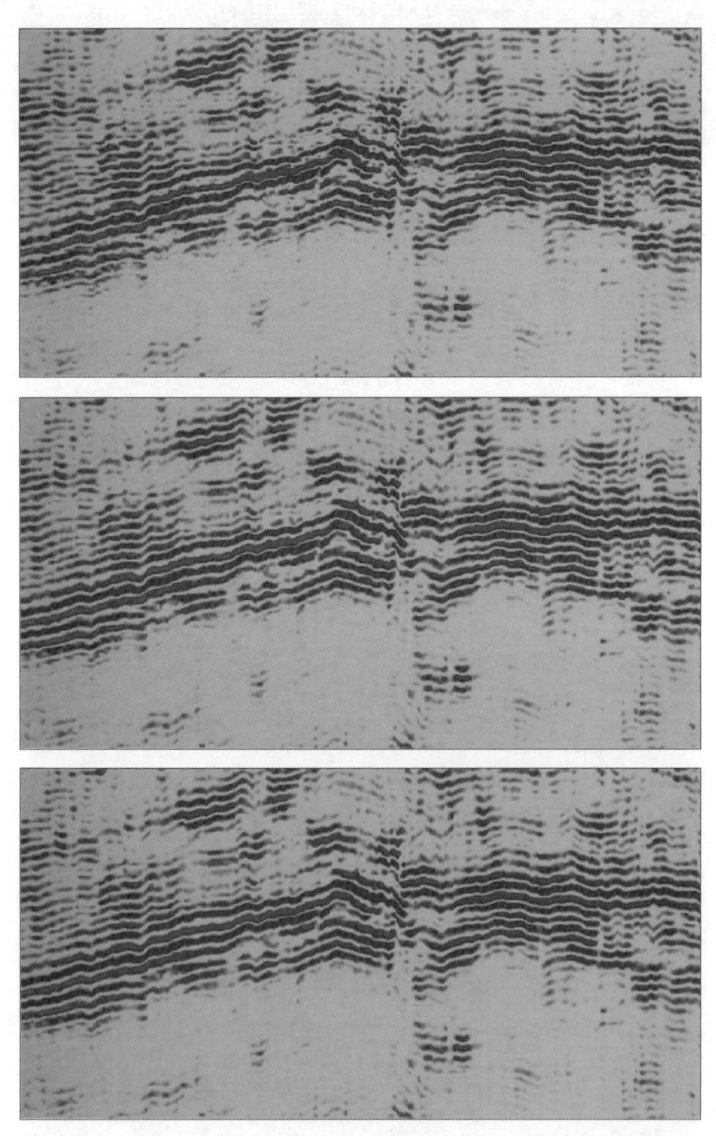

图2-2　地震line1130不同Q值扫描结果（从上至下Q值依次为110、120、130）

三、拓频处理及效果评价

采用基于时频分析的反Q滤波技术，通过反复试验、调整处理参数，对全工区叠后地震资料进行拓频处理。

采用不同频率子波生成的合成记录对新老资料标定（见图2-3和图2-4），合成记录的前后处理结果对比，提取的统计子波主频由55Hz提高到65Hz，并且地震资料品质有所提高（见图2-5）。

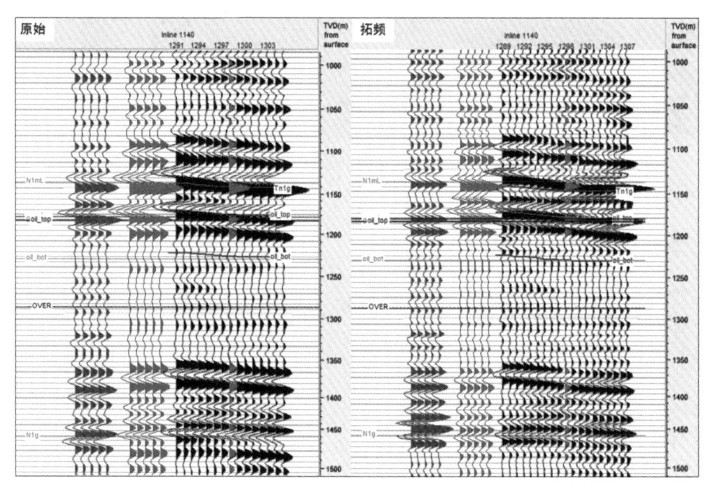

图2-3　LD C-1井叠后地震拓频前后合成记录对比图

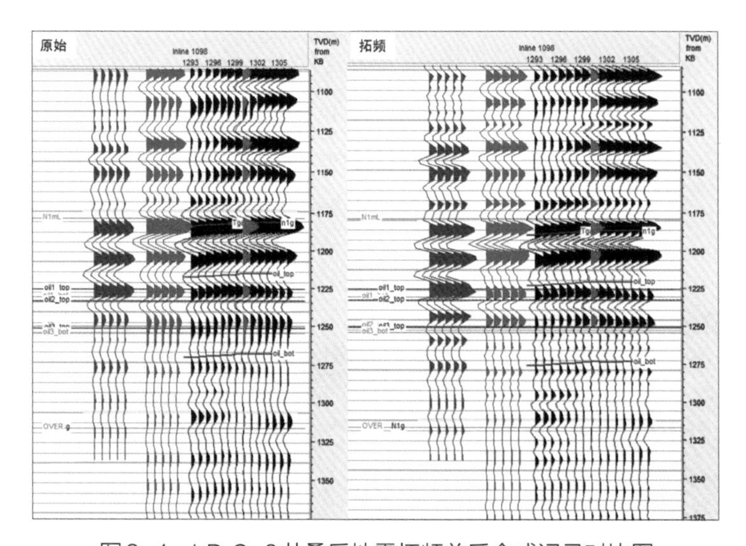

图2-4　LD C-3井叠后地震拓频前后合成记录对比图

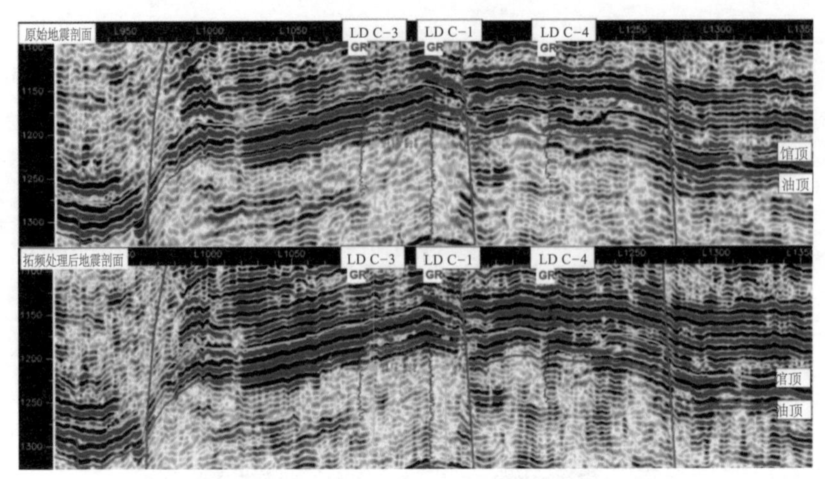

图2-5　地震拓频处理剖面对比图

四、基于方差技术的小断层识别技术

方差技术的理论基础是误差分析理论，是利用相邻道地震信号之间的相似性来描述地层、岩性等的横向非均匀性，在识别断层以及了解与储集层特征密切相关的砂体展布等方面非常有效。当遇到地下存在断层或某个局部区域地层不连续变化时，一些地震道的反射特征就会与其附近地震道的反射特征出现差异，而导致地震道局部的不连续性。通过检测各地震道之间的差异程度，即可检测出断层或不连续变化的信息。

本次研究通过对叠后地震资料进行方差处理，获取方差数据体。根据油层的空间展布，时间厚度上定为1170～1210ms，共40ms，基本上把油层包含在内（见图2-6）。考虑到地震的采样率为2ms，故将40ms时窗批分为20个切片（见图2-7～图2-9）。切片反映工区的西边断层发育，呈北北东方向的雁列式排列。

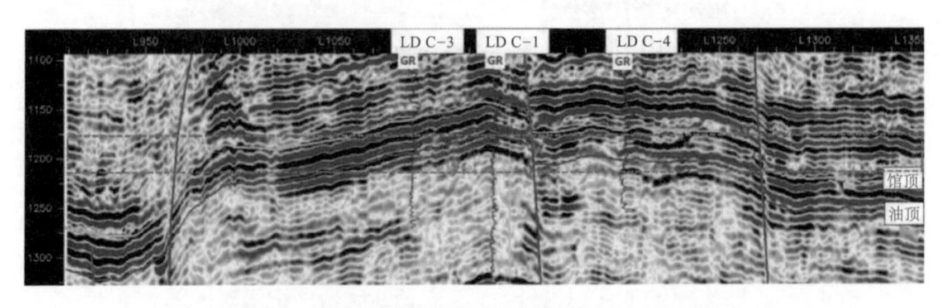

图2-6　连井地震剖面图（标示为油气藏范围）

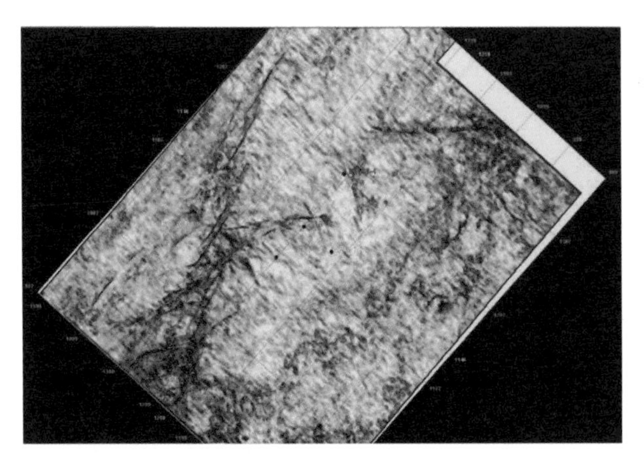

图2-7 方差体1170ms时间切片平面图

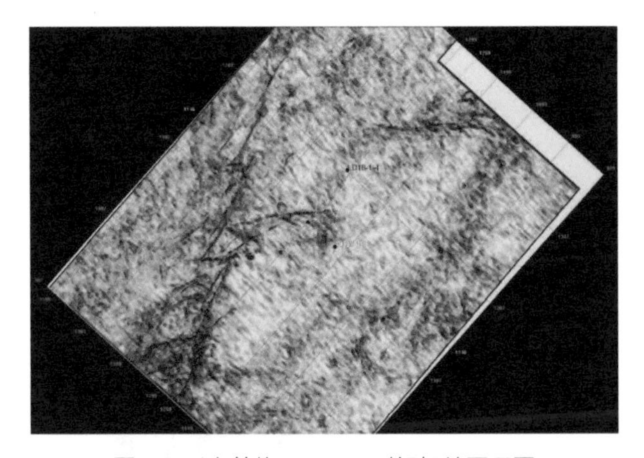

图2-8 方差体1190ms时间切片平面图

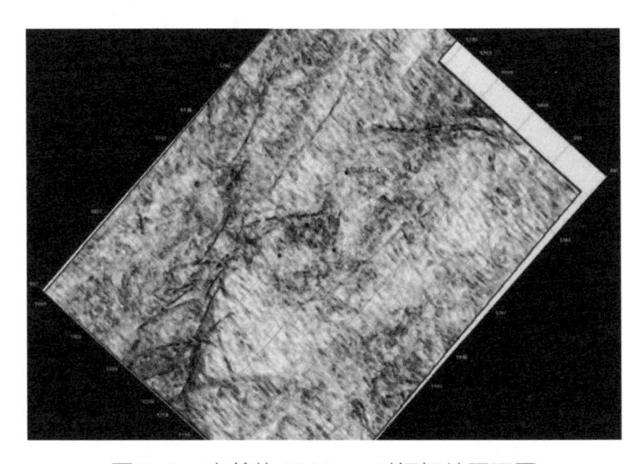

图2-9 方差体1210ms时间切片平面图

五、基于时频分析的小断层识别技术

时频分析是用时间频率联合域，而不是用单一的时间域或频率域来表示信号，是时变非平稳信号分析的有力工具。本次研究采取广义S变换方法，该方法计算窗口大小取决于频率，它可以生成分辨率很高的频谱分解图。

根据叠后地震资料的频带宽度，本次时频分析采取的频率范围为10～120Hz，每隔10Hz计算出一个频率体，共16个频率体（见图2-10～图2-13）。为查清油层断层发育情况，对油层顶进行沿层切片，切片较好地反映了小断层的分布特征。

根据各类属性切片，结合地震剖面解释的断层，确定了旅大C油田油藏小断层的分布，整体是北北东走向、雁列式展布。

在稠油热采的过程中，断层对蒸汽具有双重作用，对于封闭的大断层具有遮挡作用，对于不封闭的小断层具有串通作用；当钻穿油井开采的断层时，油层压力降低使得底水沿着断层上侵。故在稠油开采设计中，设计井位要确保不钻遇断层，而且蒸汽注入也要避免蒸汽注入断层带。

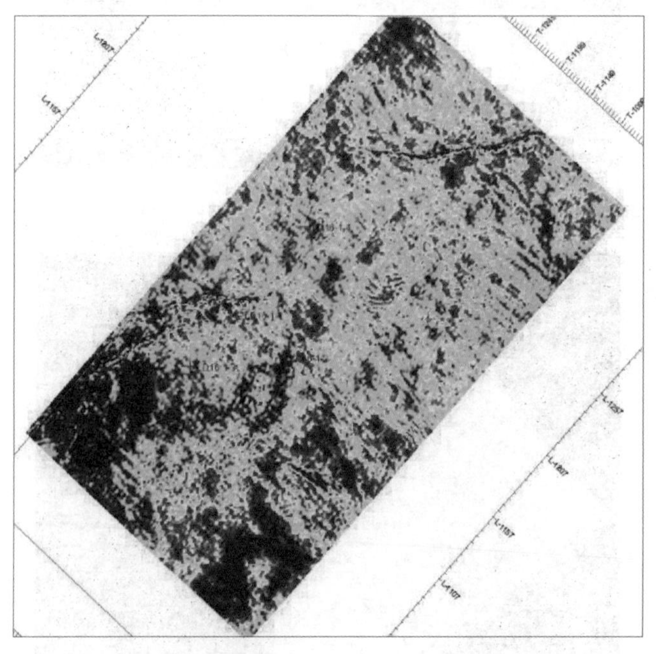

图2-10　时频分析沿层切片平面图（10Hz）

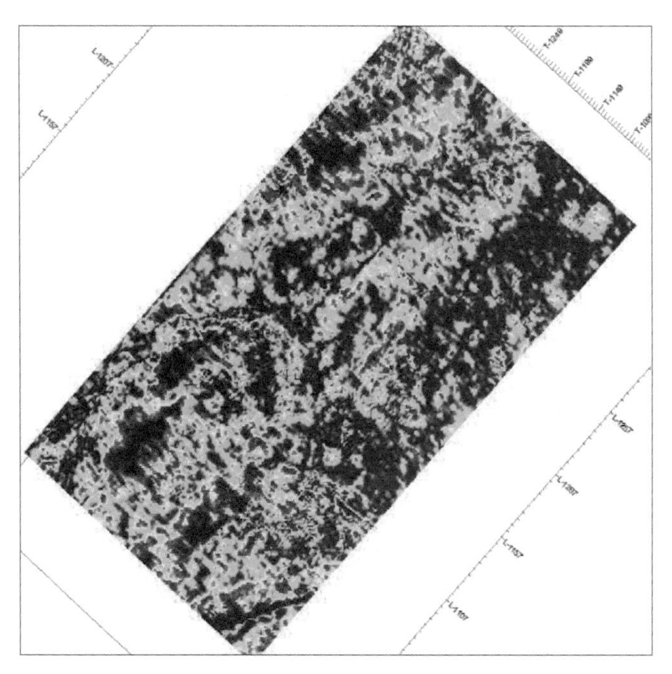

图2-11　时频分析沿层切片平面图（75Hz）

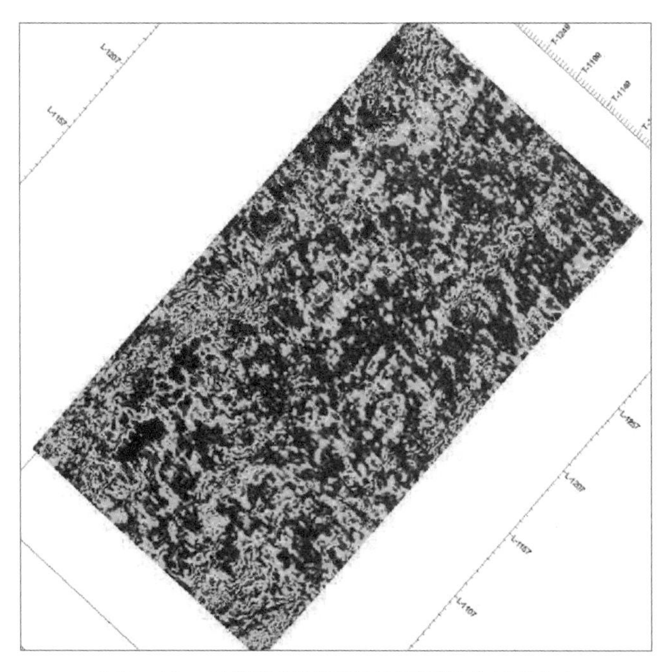

图2-12　时频分析沿层切片平面图（100Hz）

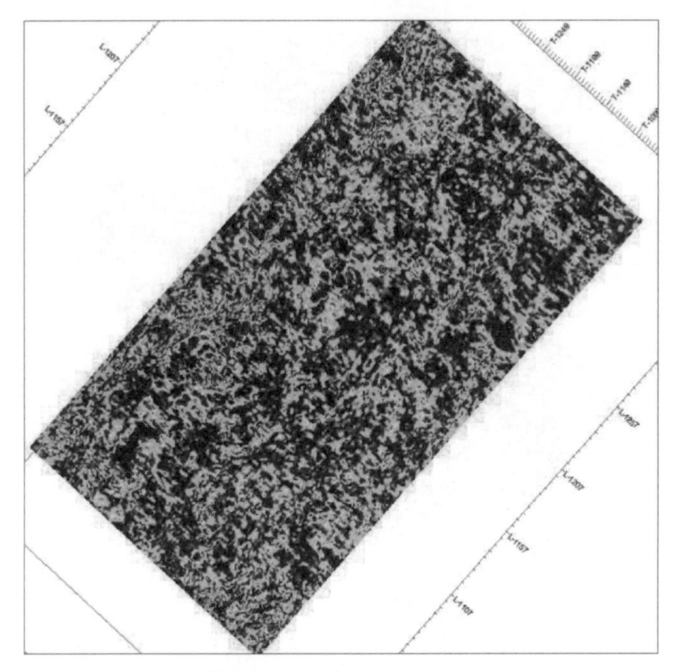

图2-13 时频分析沿层切片平面图（120Hz）

目前基于拓频地震资料，采用相干切片或时频分析技术，有效地确定了断层的空间分布。在此基础上优化热采井位，既能保证热采井注入的安全性，避免热损失，又能避免底水沿断层的突进。

第二节 隔夹层精细预测技术

隔层是指在油田开发过程中对流体运动具有阻止或隔挡作用的不渗透岩层。夹层是指在储集体内部所分布的、与储集体主体物性差异较大的，在油田开发生产中对流体流通产生明显影响的相对低渗透层或非渗透层夹层的平面分布不稳定，不能完全阻止或控制流体的运动，但对流体渗流速度及渗流效果有较大影响。根据岩性、物性划分，隔夹层可分为泥岩夹层、钙质夹层和物性夹层。根据延伸长度与注采井距之间的关系划分，夹层可分为稳定型、较稳定型和不稳定型。

对于稠油热采而言，隔夹层研究具有更多的含义：一方面，隔夹层的存在使得蒸汽吞吐和蒸汽驱过程中流体的渗流规律进一步复杂化；另一方面，砾岩夹层或泥岩夹层的存在，可能使得热损失加大。

在实际油田开发过程中，泥质夹层、砾岩夹层最为发育，其展布规模也较难预测。针对这两类夹层的研究思路如下：

（1）在前人研究成果的基础上，结合岩芯、录井及类比等资料，落实目的层的沉积环境，确定隔夹层的成因类型及分布模式。

（2）在三级层序框架内，结合测井、岩性序列及地震响应特征，开展四级、五级层序的划分与对比，在隔夹层沉积模式的指导下，分析井间隔夹层的对比关系，确定出不同隔夹层的分布规模。

（3）应用三维地震资料，开展隔夹层地震响应特征研究。在一般情况下，三维地震资料较难分辨隔夹层的厚度，但是当隔夹层具有一定厚度和平面分布规模时，研究人员通过井震标定可以确定隔夹层的三维地震响应，此时，通过地震属性基本可以确定隔夹层的平面分布。

在隔夹层较薄，常规地震资料较难分辨的情况下，可以采用地质统计学反演技术进行预测隔夹层平面分布规模。该技术首先进行岩石物理分析，确定隔夹层与围岩具有明显不同的岩石物理特征，然后在井震标定的基础上，结合隔夹层成因模式，确定地质统计学反演需要的变程参数。上述地质统计学反演可以得到不同类型隔夹层的三维概率体，为后续三维建模奠定基础。

针对厚砂岩储层稠油油藏，在地质认识和地质模式的基础上，研究人员应用统计学反演和地质随机建模表征研究砂体、夹层等特征，具体流程如图2–14所示。

一、夹层成因及地质特征

厚砂岩内部的层内夹层是由短暂而局部的水流状态变化形成的，多为泥岩、粉砂质泥岩、泥质粉砂岩、钙质砂岩或砾岩，夹层的形态、厚度、分布是极为不稳定的。

以旅大C油田馆陶组为例，夹层位于砂体内部，且厚度小，难以有效识别。测井响应认为，在自然电位与电阻率曲线上，高值背景下的局部异常值则为砂体内部的薄层泥岩和砾岩夹层。通过岩芯观察可知，夹层主要为砾岩、粉砂质泥岩（见图2–15）。通过岩芯观察可知，油层内部共有9层夹层，厚度为

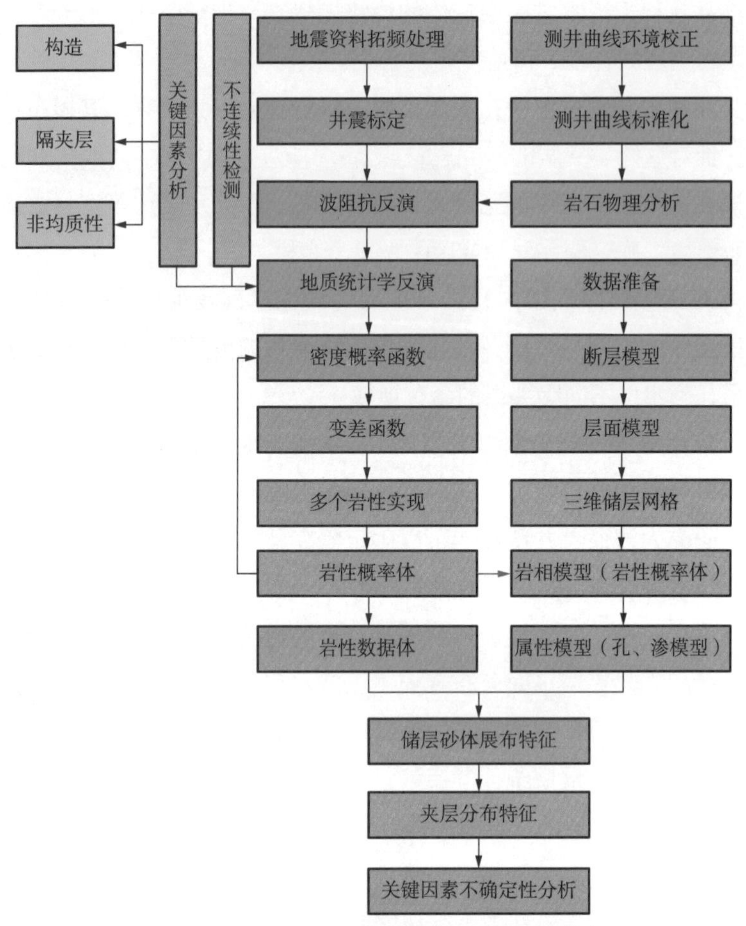

图2-14　厚砂岩储层隔夹层预测、表征技术流程

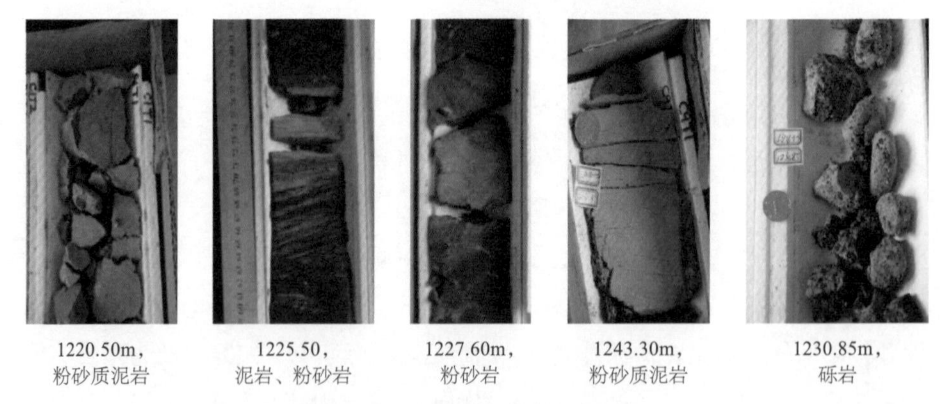

图2-15　LD C-3井夹层岩性图

5～15cm，其中大套砾岩中间夹有15cm左右的中砂岩。夹层发育模式分为两类：泥岩夹层模式和砾岩夹层模式。砾岩层泥质胶结，渗透率非常低，基本不含油，为典型的物性夹层。以LDC-3井为例，油藏上段的夹层从岩芯描述可知，岩芯描述为2.8m的砂砾岩，砂砾岩颜色为灰绿色块状，砾石松散，砾石直径5cm左右，次圆至次棱角，分选中等，泥质胶结，属快速沉积成因物性夹层。油藏下段的夹层从录井资料和测井解释可确定为泥岩，厚度为1.2m。根据成因分析可知，砾岩夹层厚度大，分布面积广。泥岩夹层相对于砾岩夹层厚度小，分布面积小。

二、测井资料处理

井震联合夹层预测对测井资料质量要求较高，为此必须进行测井资料的处理，其目的是为测井储层参数解释和岩石物理研究工作提供完整、合格的测井曲线系列。其主要工作包括测井原始资料环境校正、质量控制及多井一致性处理等内容。

（一）测井资料检查

在一般情况下，单井测井资料质量总体较好，但局部也存在一些异常尖峰的现象。由于各井所使用的泥浆体系、测井仪器系列及施工环境不尽相同，多井间测井资料难以达到标准化的一致性。

（1）曲线深度、井眼状况匹配检查

密度和声波曲线的深度误差及质量不可靠可引起波阻抗的变化，对计算地层的反射系数将有一定程度的影响。图2-16、图2-17分别为井深度匹配及井眼状况检查图，声波、密度曲线深度匹配较好，无须做深度校正，但各井的井眼状况不太好，需要做环境校正。

（2）实测声波、密度曲线质量检查

①利用中子-密度交会图，可识别出测量有问题的测井层段。工区内各井原始井资料整体上较好，只是局部受井眼环境影响存在失真现象，如图2-18所示，中子-密度交会图识别测量错误层段，图中椭圆形所勾画的区域即为密度、中子曲线失真层段。

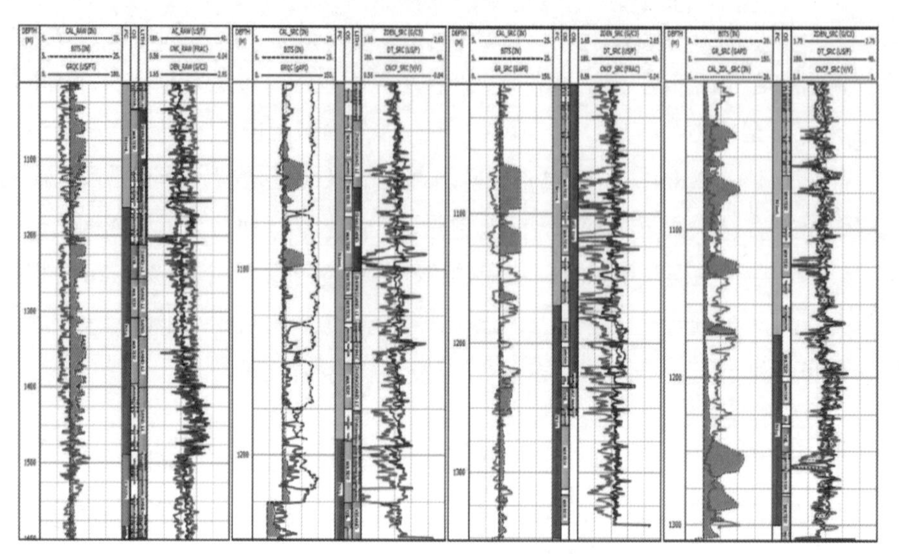

图2-16 LD C-1～LD C-4井声波、密度曲线深度匹配及井眼状况检查

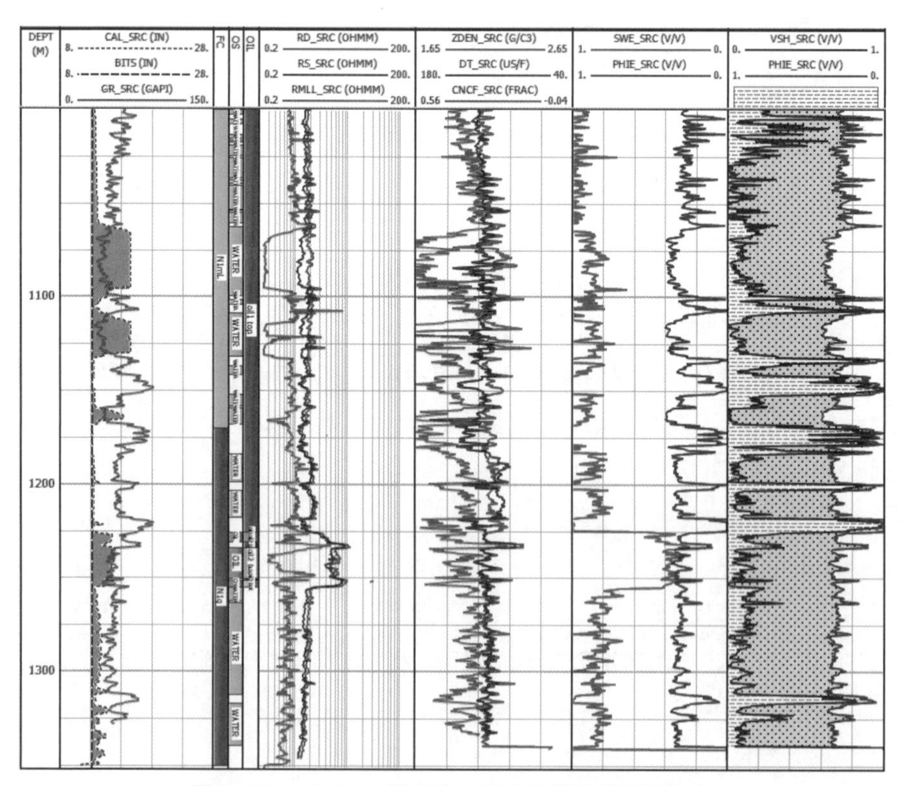

图2-17 LD C-3井声波、密度曲线深度匹配检查

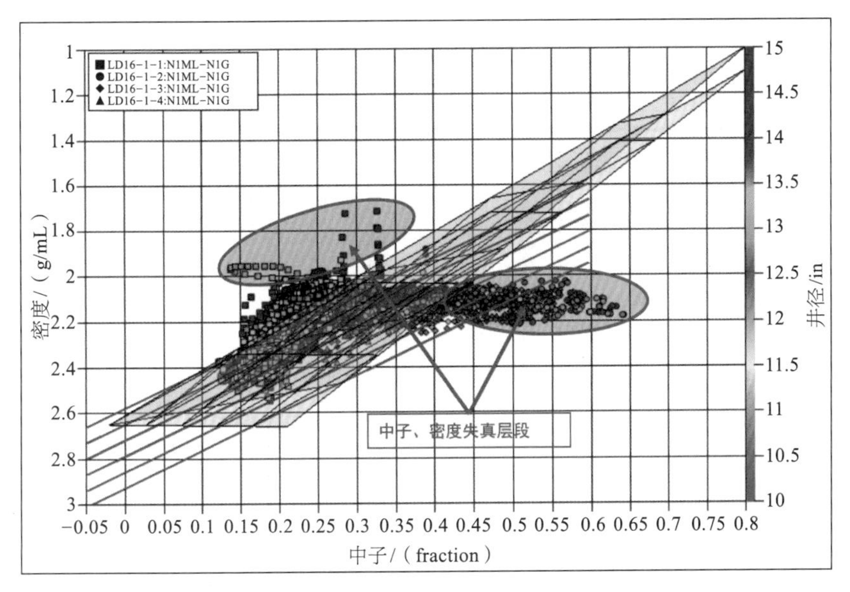

图2-18　工区内各井中子-密度交会图

②利用密度-纵波速度交会图可以非常方便且有效地识别出实测声波、密度曲线测量存在问题的测井层段。图2-19及图2-20分别为工区各井密度-纵波速度交会图及LD C-1井实测曲线质量检查图，从图中可明显看出椭圆形区域为声波、密度曲线测量失真层段。

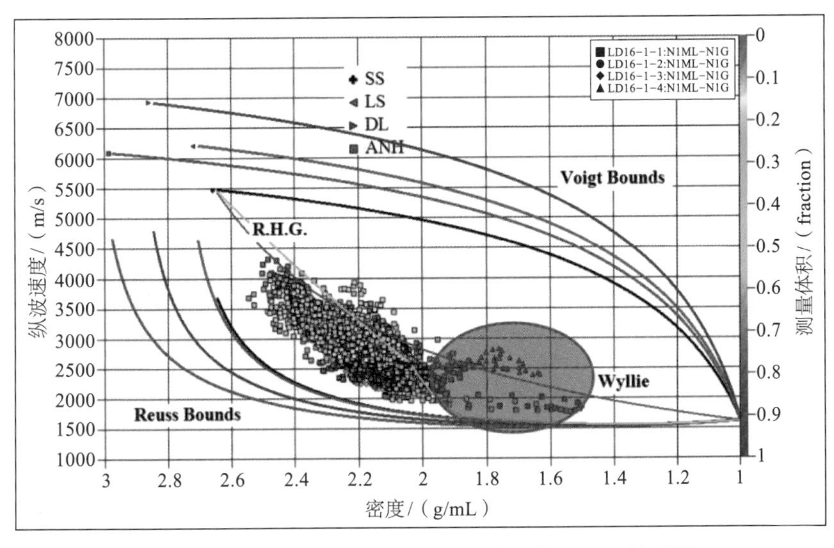

图2-19　密度-纵波速度交会与岩石物理极限关系图

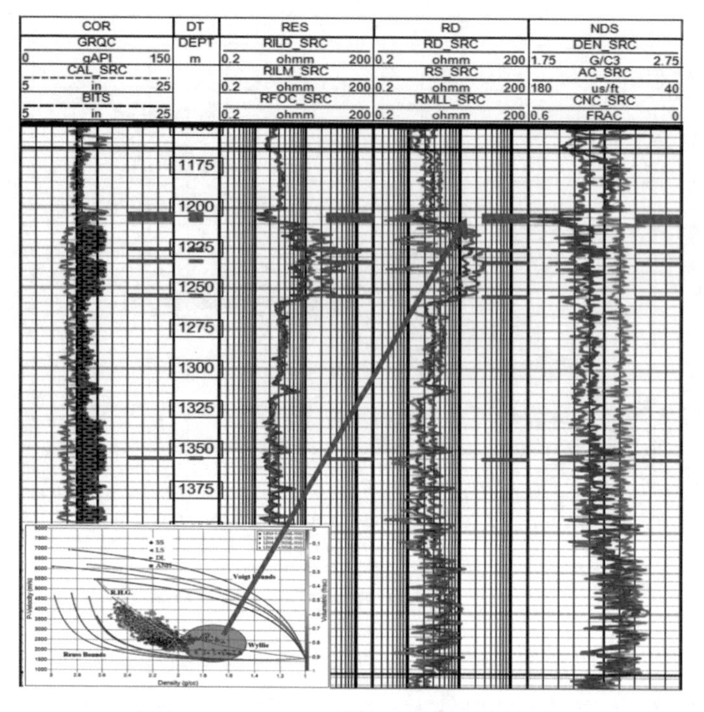

图2-20　LD C-1井实测曲线质量检查图

（二）测井资料校正

通过对井眼环境进行分析，工区内各井声波、密度等曲线在井眼垮塌层段，存在不合理的响应，这些层段的响应无法应用环境校正方法进行校正。为此，采用经典的经验公式或多元线性拟合等数学方法，在相同岩相和岩性、相同含流体类型层段建立多元线性关系，数学转换表达式如下：

Faust方程：
$$Vp = 1948 * \sqrt[6]{Dep * Rt} \tag{1}$$

Gardner方程：
$$Den = 0.23 * Vp^{0.25} \tag{2}$$

AGIP方程：
$$Den = 2.75 - 2.11\frac{DT - 47}{DT + 200} \tag{3}$$

线性拟合方程：
$$Y=f（GR, RT, DT, \cdots） \tag{4}$$

式中　Dep——深度，m；

Rt——电阻率，Ω·m；

Den——密度，g/cc；

Vp——速度，ft/s；

DT——声波时差，s/ft。

应用这些经典经验公式或线性拟合方程，在岩相、岩性和含流体性质类似且相距较近的层段，对质量较好的测井曲线进行多元线性拟合，建立基准曲线和待校正曲线之间的函数关系，而后在井眼垮塌层段对密度测井曲线进行校正。如图2-21所示，第5道红色实线为实测声波曲线，蓝色实线是校正后声波曲线，第6道红色实线为实测密度曲线，蓝色实线是校正后密度曲线。如图2-22所示，经过对测井原始资料进行质量控制处理后，测井曲线的质量有很大程度的改善，储层速度和密度的关系更合理。

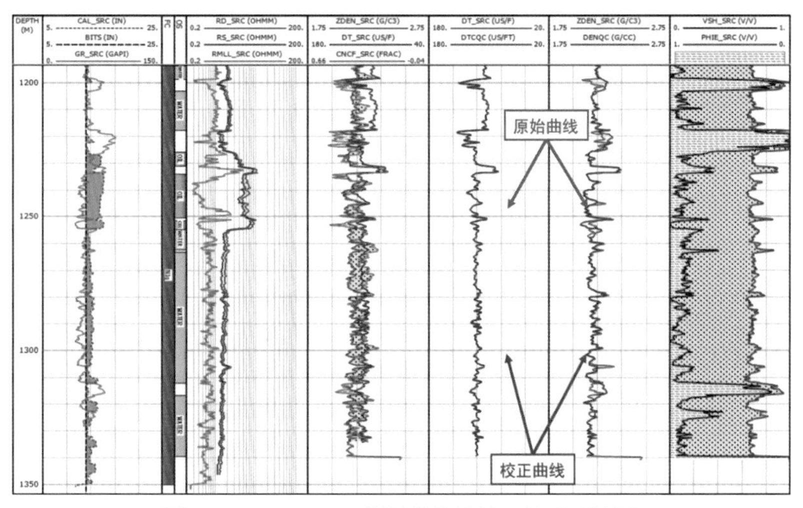

图2-21　LD C-3井测井曲线校正前后对比图

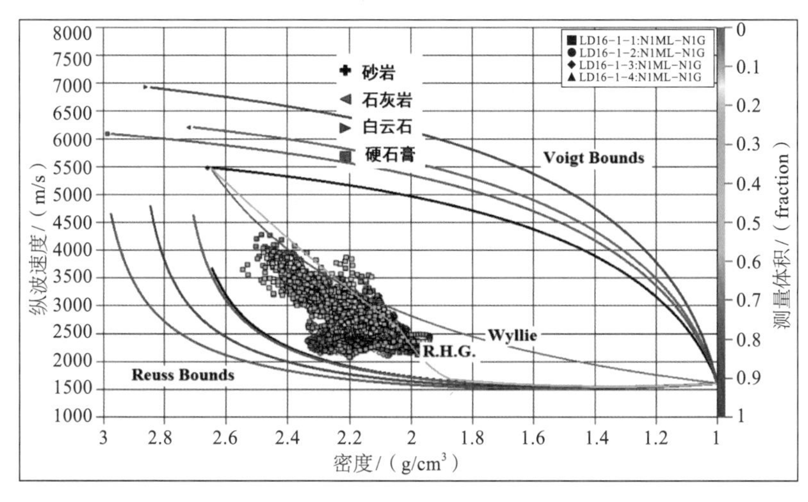

图2-22　工区内各井密度-纵波速度交会与岩石物理极限关系图（校正后）

（三）测井曲线标准化

由于不同系列的测井仪器可能存在的系统误差、各井使用的泥浆性能的差异及井眼环境等影响，工区内测井响应可能存在很大的差异。这种差异情况的存在，会给井震标定和地震岩性反演等工作带来困难。因此，在单井资料质量控制的基础上，多井资料标准化校正，是井、震资料结合的重要环节。

以旅大C油田为例，目的层馆陶组埋深较浅，地层相对较平，没有较明显的大厚泥岩层，选择以馆陶组作为多井一致性处理的“视标准层”，同时选择LD C-3井作为标准井。

采用直方图平移的方法，对多井目标地层测井采集序列的声波、密度等曲线进行一致性检查和校正处理。图2-23中的（a）（b）（c）（d）分别为研究工区明下段Ⅳ油组密度、声波曲线标准化前后的直方图，统计结果表明工区内各井有较大的概率型偏差。工区标准化处理前后的自然伽马、密度、纵波时差交

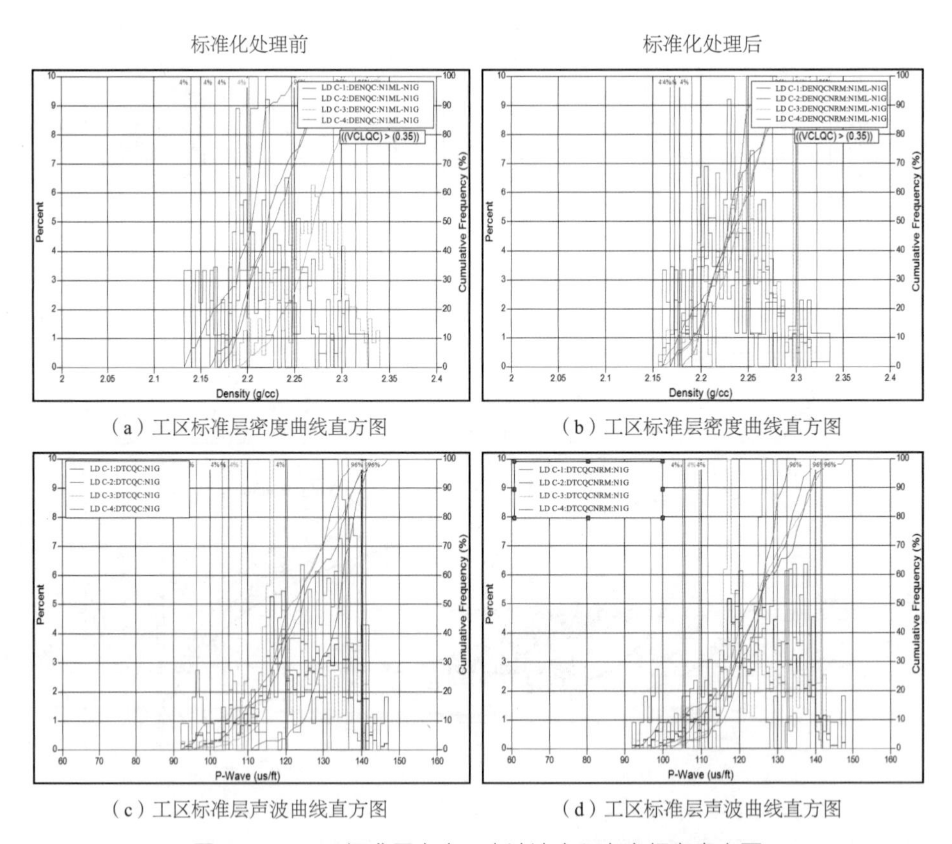

（a）工区标准层密度曲线直方图

（b）工区标准层密度曲线直方图

（c）工区标准层声波曲线直方图

（d）工区标准层声波曲线直方图

图2-23　工区标准层密度、声波速度和密度频率直方图

会图对比分析表明标准化处理前各井的伽马、密度、声波存在不尽相同的响应规律，标准化处理后多井间一致性规律明显改善，多井砂岩（泥岩）的响应特征基本一致，而主峰应代表的是该标准层段的主要岩性响应特征，满足叠后反演的一致性要求。

三、针对夹层的地质统计学反演

由于夹层厚度较薄、井间对比性较差，空间分布不稳定，故采用常规反演技术预测夹层难度较大，一般采用地质统计学反演技术进行夹层井震联合的预测，主要技术环节如下。

（一）岩石物理分析

岩石物理分析是测井数据与地震数据联系的纽带。测井数据是地下岩石的骨架组分、孔隙结构与流体的综合响应，而岩石的地球物理则是以纵波速度与密度等信息为表现特征，并以波阻抗差异的形式表现不同岩石的界面。地震数据记录的正是这种岩石界面的信息。通过岩石物理研究，我们能够明确该区哪些属性能够反映砂岩和夹层，指导反演及其成果解释。

图2-24为LD C-1井储层测井响应特征，可见砂岩均具有高自然电位、低自然伽马、低密度、低纵波阻抗的特征。

图2-25为LD C-3井目的层段的自然伽马-纵波阻抗-岩性交会图。从交会结果可明显看出：砂、泥岩波阻抗分异明显，波阻抗基本上可有效识别岩性。不同岩性具有不同的电性特征，油层砂岩低伽马、低阻抗，泥岩中伽马、中阻，砾岩高伽马、高阻抗。以上特征基本满足地质统计学反演的岩性模拟要求。

（二）井震标定

井震标定是连接钻井地质与地震的纽带，反演之前要做好井震标定，确立正确的时深关系及地震响应与地质特征的对应关系。

（1）子波提取

地震子波表述的是地震波的性质，制作合成记录的子波有理论子波和从井旁地震道提取子波两种方法。要制作出高精度的合成记录，必须选用合理的子波。对于常规声波阻抗的反演，是假定地震子波的传播过程是平稳的，即地震子波的波形变化是可以忽略的，并用一个子波或几个子波进行处理。图2-26展示的是基于目的层段的叠后地震数据提取的子波。

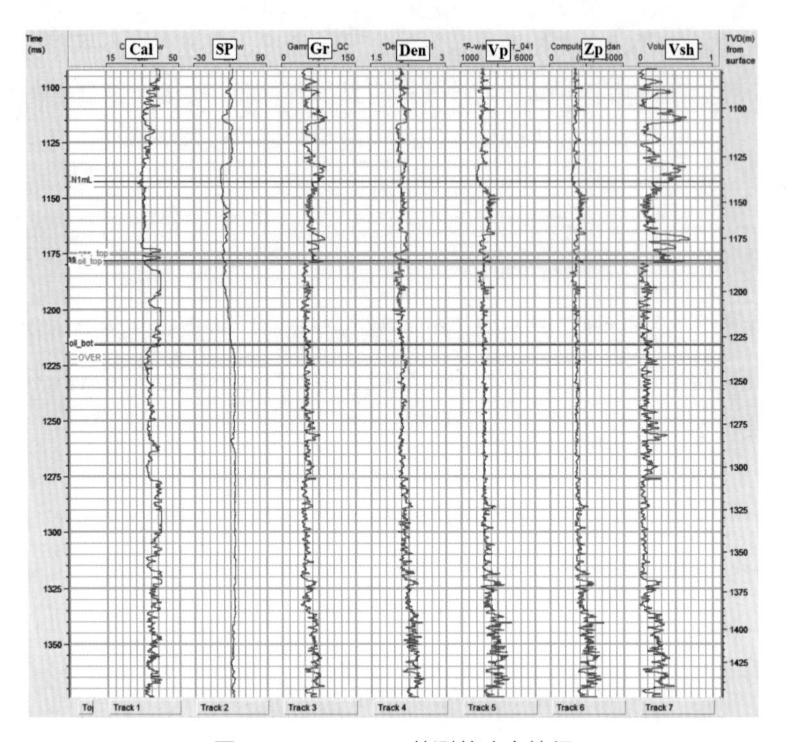

图2-24　LD C-1井测井响应特征

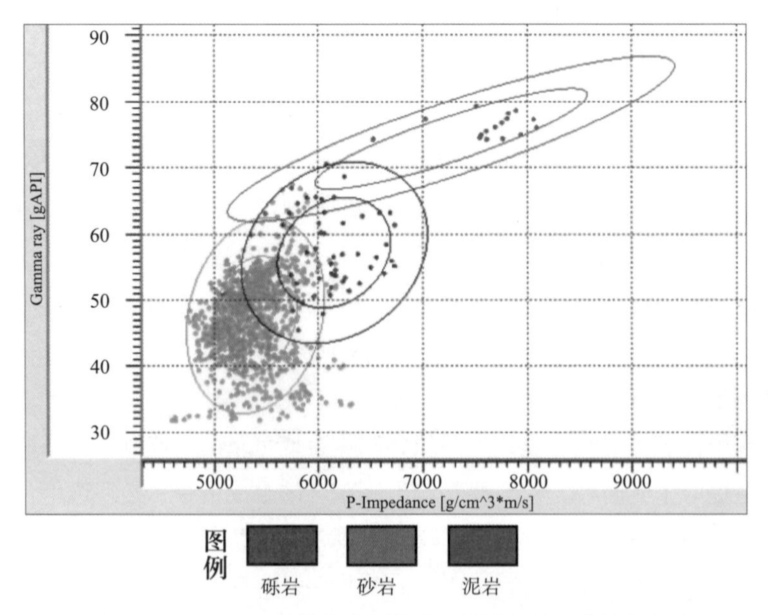

图2-25　LD C-3井油层自然伽马-纵波阻抗-岩性交会图

（2）井震标定

我们利用理论子波或从井旁地震道提取的子波制作合成记录，对目的层进行精细标定。合成记录与井旁地震道相比，从波组关系到能量特征都有很好的相关性，不同岩性、电性的地层与地震剖面反射特征有很好的对应关系（图2-26～图2-30）。

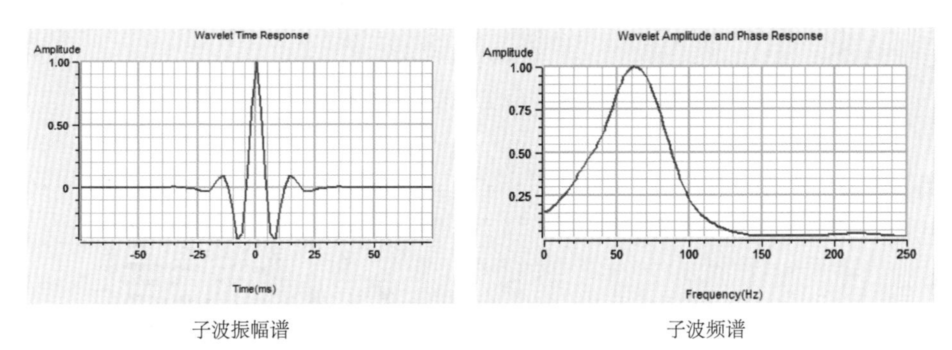

子波振幅谱　　　　子波频谱

图2-26　地震统计子波振幅谱与频谱

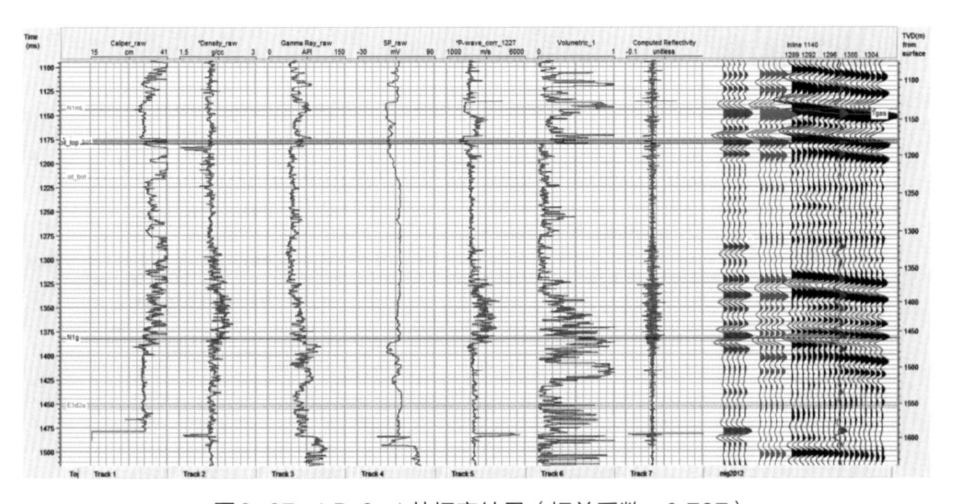

图2-27　LD C-1井标定结果（相关系数：0.787）

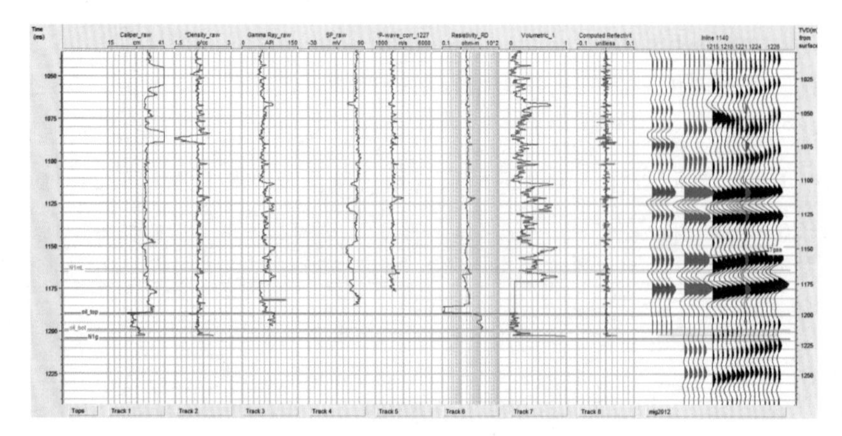

图2-28　LD C-2井标定结果（相关系数：0.970）

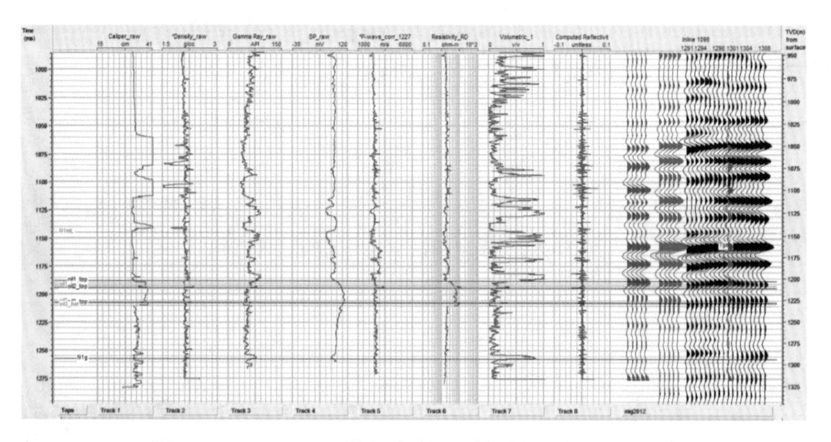

图2-29　LD C-3井标定结果（相关系数：0.886）

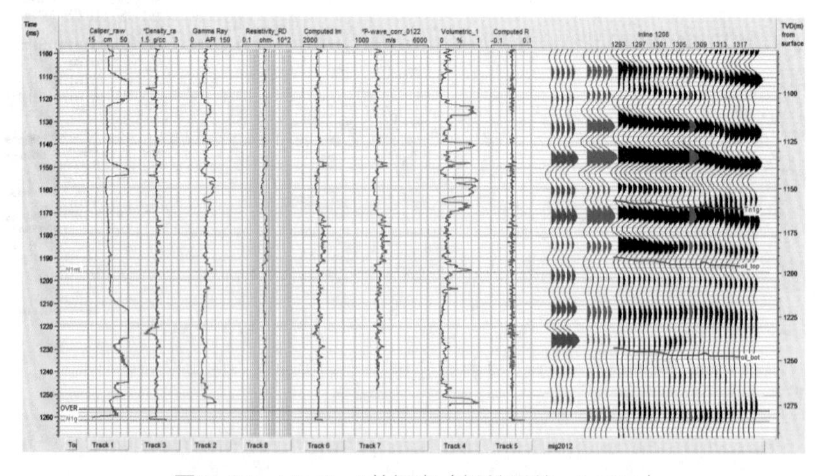

图2-30　LD C-4井标定（相关系数：0.721）

（三）地质统计学反演

针对厚砂岩储层隔夹层的常规反演，其反演结果存在较大的不足：一是反演结果和钻井不匹配，二是砂泥岩关系和地层发育情况不符合地质规律。针对旅大C油田储层特点及工作目标，选用地质统计学反演效果较好。

（1）地质统计学反演方法简介

地质统计学反演方法是一种将随机模拟理论与地震反演相结合的反演方法，由两个部分组成，即随机模拟过程和对模拟结果进行优化并使之符合地震数据要求的过程。其特点是整合了地震反演和储层建模的优势，充分利用地震数据横向密集和测井数据垂向密集的特点，求取多个等概率的波阻抗实现。其结果受到地震数据、测井数据、地质统计学参数的约束。对于多个波阻抗的实现，尽管实现各不相同，但每次实现都满足两个条件：①在井点上与测井数据计算的波阻抗一致；②在井间，符合地震数据和已知数据的地质统计学特征。

地质统计学反演首先应用确定性反演方法得到波阻抗体，以了解储层的大致分布，并用于求取水平变差函数；然后从井点出发，井间遵从原始地震数据，通过随机模拟产生井间波阻抗；再将波阻抗转换成反射系数并与确定性反演方法求得的子波进行褶积产生合成地震道，通过反复迭代直至合成地震道与原始地震道达到一定程度的匹配。该方法有效地综合了地质、测井和三维地震数据，反演结果是多个等概率的波阻抗数据体实现，符合输入数据的地质统计学特征并受地质模型的约束，具体流程如图2-31所示。

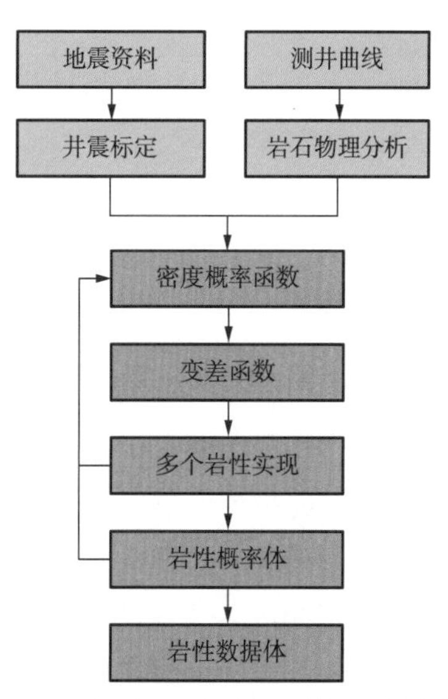

图2-31　地质统计学反演工作流程

（2）地质统计学反演方法优势

地质统计学反演通常可解决下列问题：

①用于解决低于叠后阻抗反演分辨率的薄层问题；

②用于解决岩性叠置储层中的薄层分布问题；

③通过叠后地质统计学反演成果，基于输入数据的情况，可给出反演结果的不确定性分析，以降低油田开发的风险。

地质统计学反演比其他类型的反演具有如下技术优势：

①小井距间的精细尺度内插；

②能够进行误差估算，进而评价风险；

③改善常规反演结果的分辨率；

④能够生成岩性类型数据体，如砂岩和泥岩；

⑤将高分辨率的井数据和高密度的地震数据联合应用。

（3）地质统计学反演参数调试

密度概率函数主要反映钻井的统计结果，其砂、泥、砾岩概率密度图反映了砂岩阻抗小、概率大，而泥岩和砾岩阻抗大、概率小，阻抗能部分区分砂岩、泥岩，满足基于地质统计的岩性模拟要求（见图2-32）。

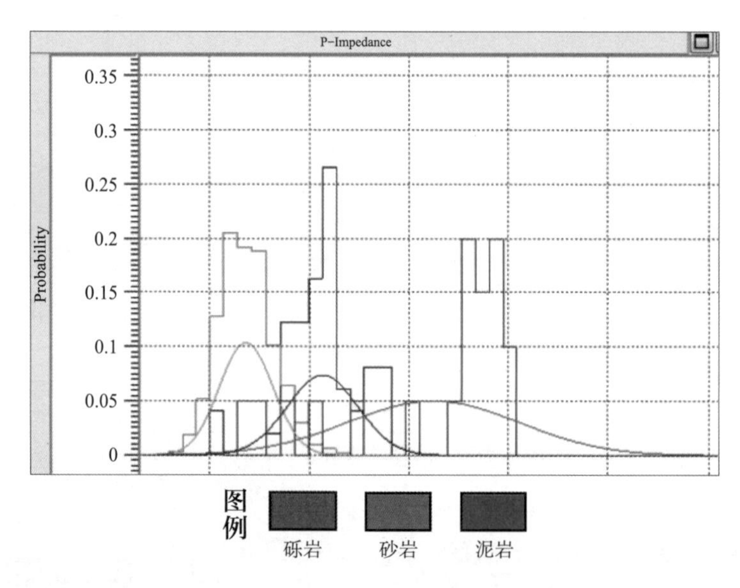

图2-32　油层砂泥砾岩概率密度图

海上油田开发前期，钻井较少且分布不均，变差函数因钻井少、泥岩和砾岩的数据采样点很少，按照钻井的统计规律调试的变差函数不能反映该区的地质特点，故反演参数根据地质认识及经验调试。变差函数的主要参数有变程、基台值和块金值，为了确保参数的可靠性，必须进行参数的对比及结果对比。根据多次测试的反演结果，对变差函数中水平变程（X、Y）和垂向变程（Z）进行多轮参数的分析实验，最终优选出油层段水平变程为500m，垂向变程为5m的最佳参数（见图2-33～图2-35、表2-1）。

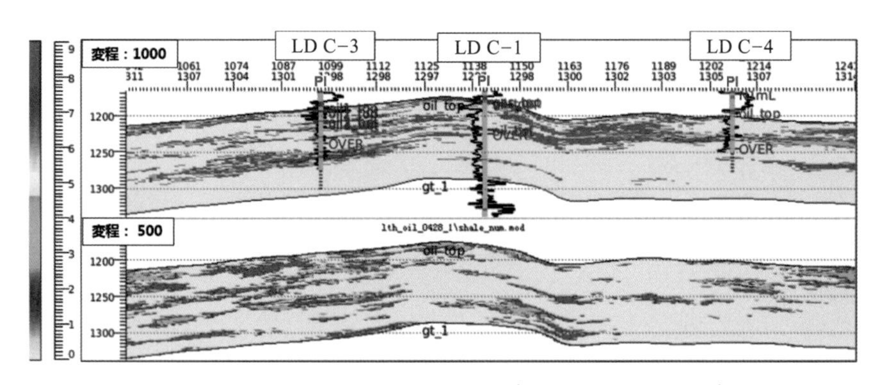

图2-33　连井泥岩概率体剖面图（横向变程参数对比）

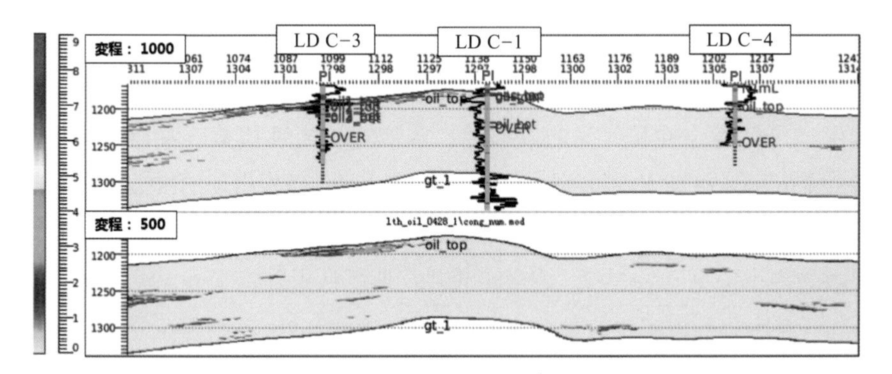

图2-34　连井砾岩概率体剖面图（横向变程参数对比）

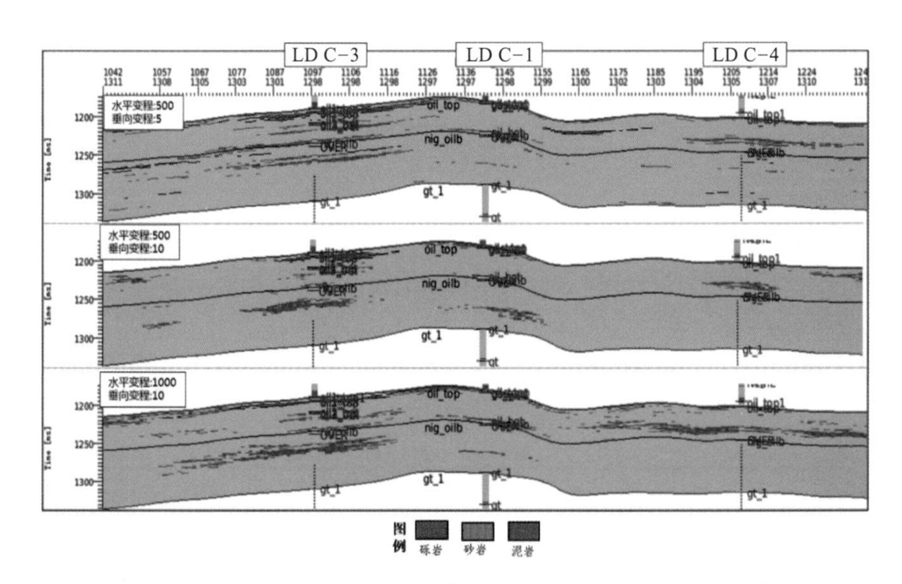

图2-35　油层段岩性剖面图（水平变程和垂向变程参数对比）

表2-1 地质统计学反演参数表

地层	岩性	X方向变程/m	Y方向变程/m	Z方向变程/m
馆陶组顶	砂岩	2000	2000	22
	泥岩	2000	2000	21
馆陶组中部	砾岩	500	500	5
	砂岩	1000	1000	10
	泥岩	500	500	5
馆陶组下部	砂岩	1000	1000	8
	泥岩	500	500	5

地质统计学优点是可以随机模拟多个结果，求取多个等概率的岩性体。为了确保结果的稳定性和时间的效率性，本次通过岩性模拟一共得到9个实现（见图2-36～图2-38），并统计9个结果中砂、泥、砾岩出现的次数，出现次数越多，某种岩性的可能性越大，不确定性越小，风险越小，因此，最终根据出现次数的多少（见图2-39），结合实钻井及地质认识确定了砂、泥、砾岩的可能分布。各种岩性概率取值参数为砂岩 > 5，砾岩 > 2，其余为泥岩，最终得到岩性数据体。

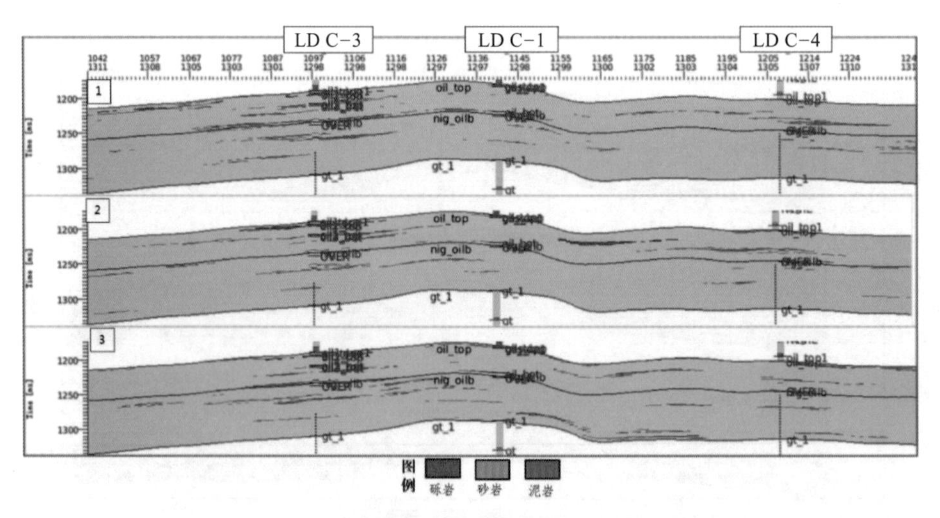

图2-36 岩性模拟第1、2、3个模拟结果连井剖面图

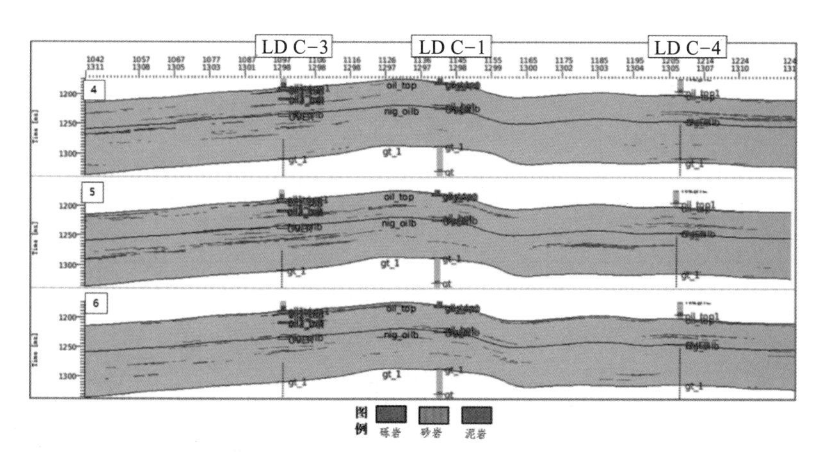

图2-37　岩性模拟第4、5、6个模拟结果连井剖面图

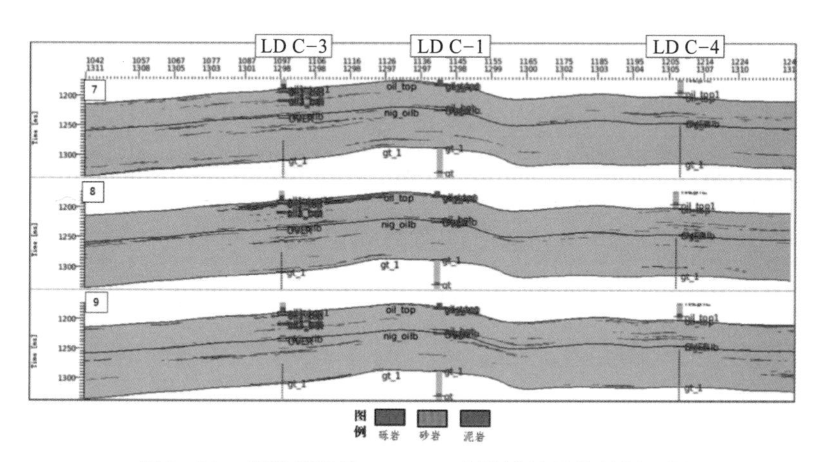

图2-38　岩性模拟第7、8、9个模拟结果连井剖面图

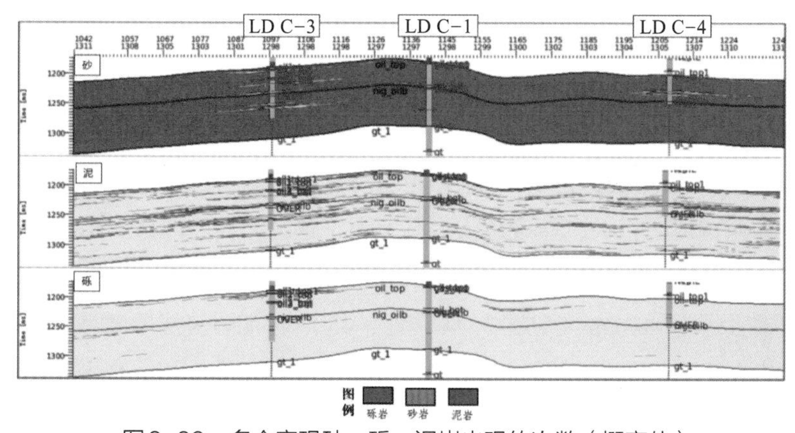

图2-39　多个实现砂、砾、泥岩出现的次数（概率体）

（4）地质统计学反演结果评价

通过多次参数调试，得到岩性数据体。为了保证反演结果的可靠性，主要通过点—线—面三个方面来评价结果的正确性：

①通过钻井的砂、泥、砾岩与反演岩性剖面对比，两者是一一对应的（见图2-40）；

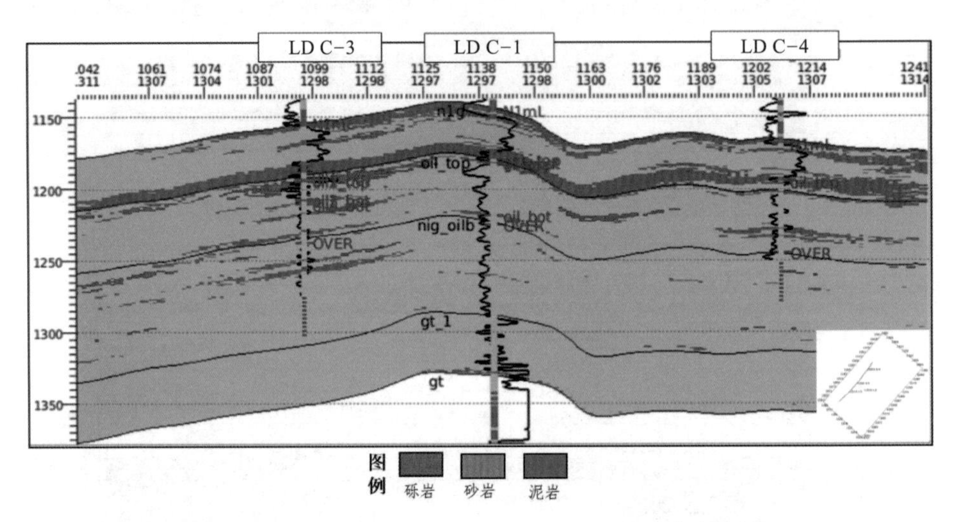

图2-40　过LD C-3、LD C-1、LD C-4井连井岩性剖面

②连井对比，油层上覆地层是较厚泥岩，三口井之间可对比，而油层的大套砂岩内部的泥、砾岩是局部发育，三口井之间不能对比，反演结果反映了该地质规律；

③油层段泥岩和砾岩是零散发育，馆陶组顶部泥岩是区域分布，提取的各类厚度图基本上也反映了该规律（见图2-41～图2-43）。

通过反演的结果评价，反演结果基本上反映了该区储层和夹层展布特征，能对地质建模起到很好的岩性约束，为储量计算和夹层的表征奠定了较好的基础。

结合反演岩性数据体结果，依据辫状河沉积特点和沉积规律，垂向厚度与平面展布范围成正相关，厚度越大，平面展布越广，反之亦然。砾岩夹层厚度大，分布面积广。砾岩夹层具有代表性的是LD C-3井钻遇砾岩层厚度2.8m，其平面展布大约为1.03km^2（见图2-44、图2-45）；而泥岩夹层厚度小，分布面积小，泥岩夹层具有代表性的是LD C-3井油藏下段的1.2m泥岩，其平面展布大约为0.41km^2，相对于砾岩夹层厚度小，分布面积局限（见图2-46、图2-47）。

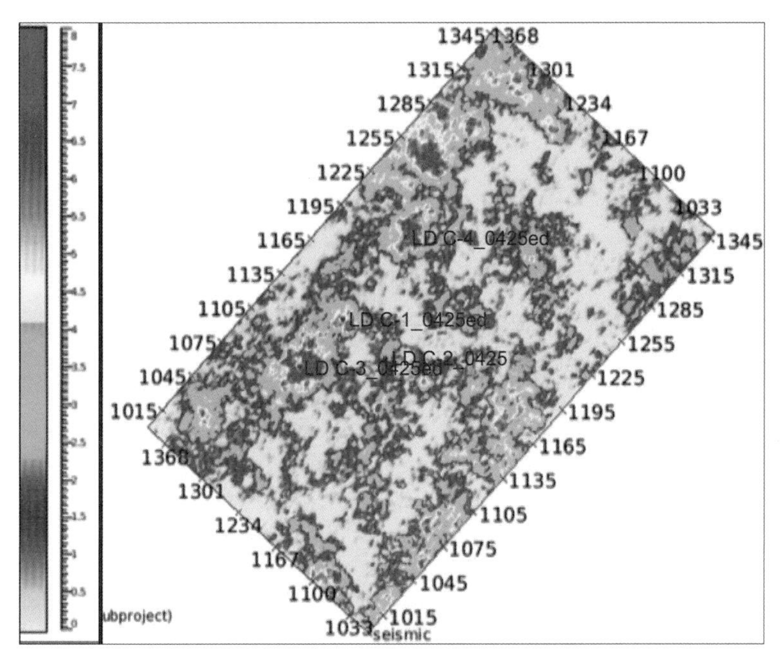

图2-41　油层段泥岩相对厚度平面分布

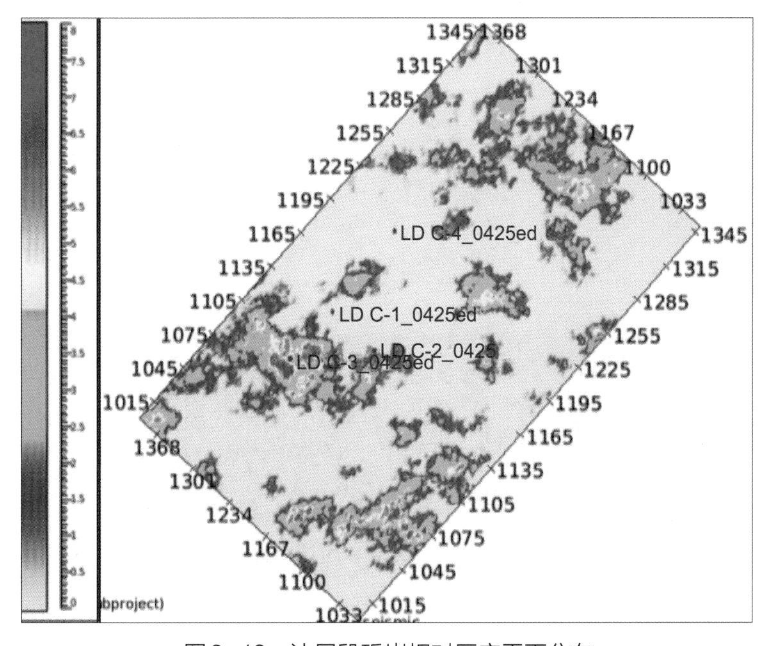

图2-42　油层段砾岩相对厚度平面分布

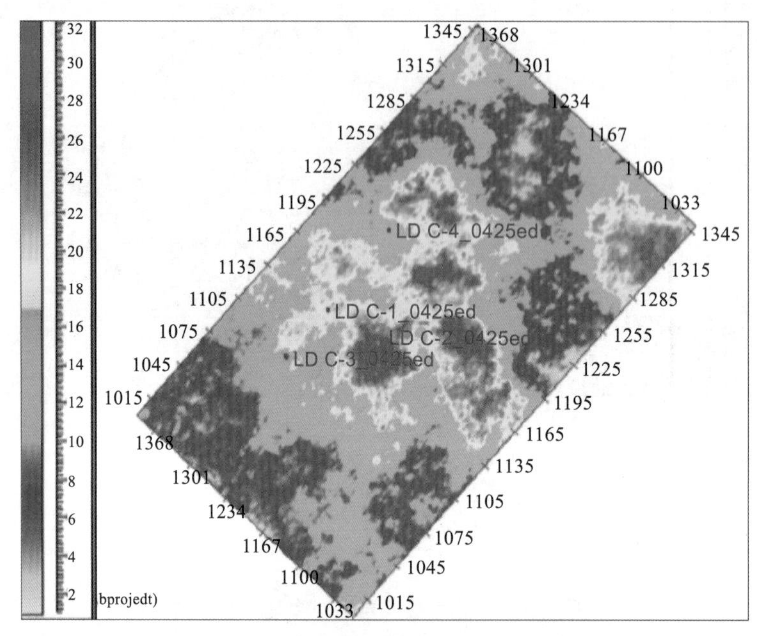

图2-43　馆陶顶部泥岩相对厚度平面分布

图2-44　旅大C油田砾岩夹层三维显示图

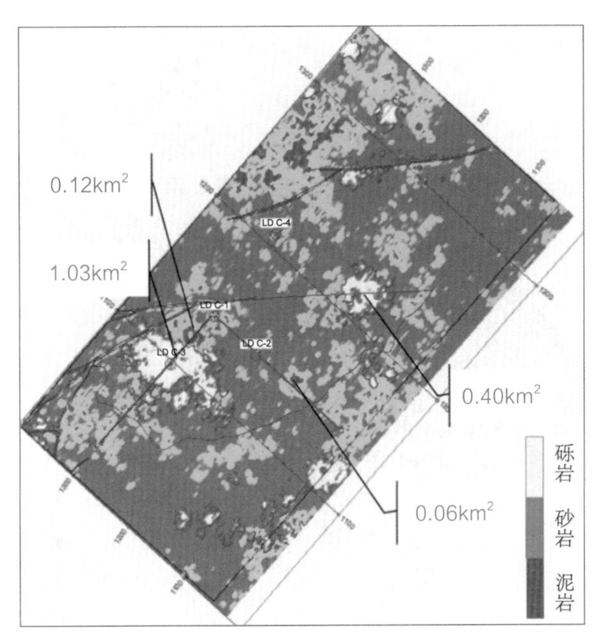

图2-45　旅大C油田砾岩夹层分布平面图

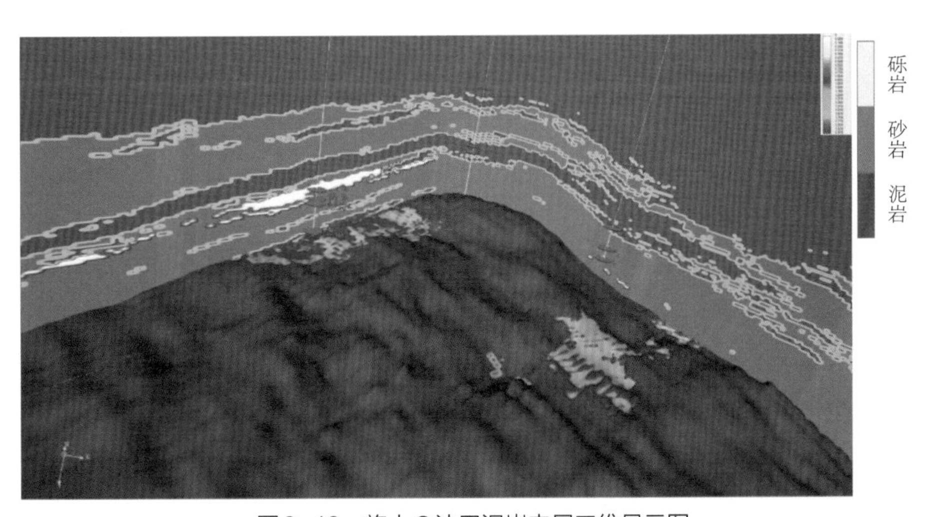

图2-46　旅大C油田泥岩夹层三维显示图

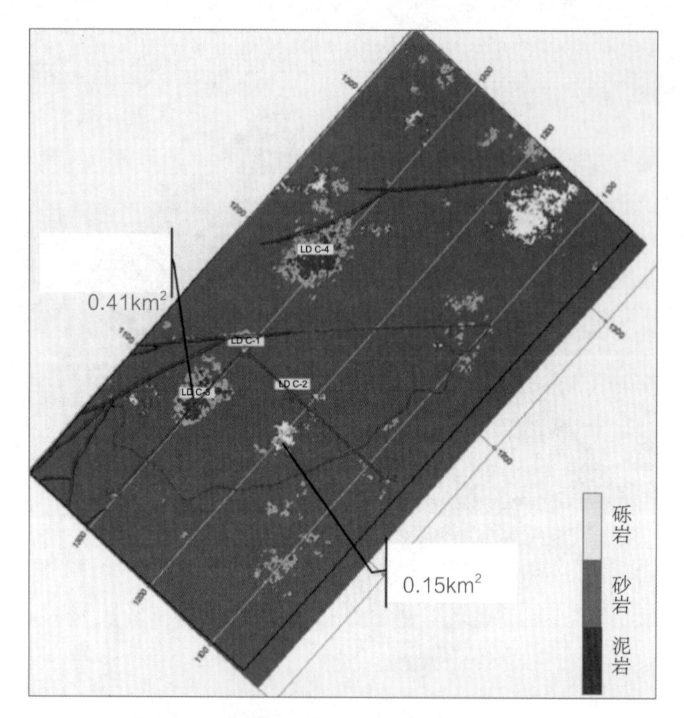

图2-47　旅大C油田泥岩夹层分布平面图

通过对三维岩性体进行切片，可知泥岩夹层的分布要比砾岩夹层更加零散，但油藏整体泥岩夹层的分布总面积要大于砾岩夹层，油藏的含油面积约为 $8.52km^2$，泥岩夹层分布面积约为 $1.74km^2$，而砾岩夹层分布面积约为 $1.50km^2$（见图2-48）。

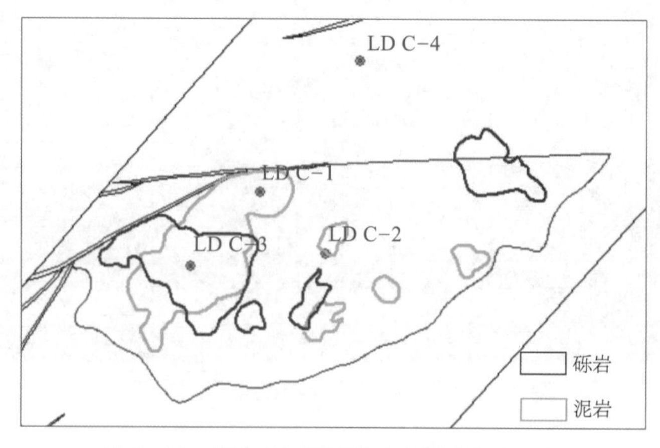

图2-48　旅大C油田油藏内夹层分布平面图

油藏范围内的夹层主要集中在LD C-3井区，其次是LD C-1井区，即油藏西部夹层较发育，而油藏东部发育较少。

四、夹层建模表征

（一）构造模型

构造模型是油气藏地质模型的基础。构造模型是由断层模型、层面模型和三维地层模型组成的。

构建断层模型的基础资料是地震解释结果。在模型构建过程中，我们依据断层的发育规模、空间展布特点，尤其是主次断层之间的交切关系，对主次相交的断层沿次断层的切线方向往主断层引矢量线，编辑该矢量线，沿矢量线将次断层与主断层之间的空隙补齐，这样就合理地建立了模型上的断层交切。如果次断层超出主断层，消除超出部分；先利用断面切割解释层面数据编辑接触关系，并提取断面数据，然后利用所建立的断面模型进行质量监控，消除不闭合点对断面模型的影响，使断层解释数据相吻合，最后建立断层模型（见图2-49）。

层面模型创建的基本方法和工作流程是：在断层建模的基础上，检验、校正工区内地震解释所获得的油层顶底层面，以及同样获得的钻井分层界面，应用这些资料分别建立对应层面的模型。当模型基本格局确定后，再利用钻井分层进行校正，使得层面构造与单井分层完全吻合。

在断层模型和层面模型建立的基础上，针对各层面间的地层格架进行三维网格化，将三维地质体分为若干个网格，即可建立三维网格地层模型（见图2-50）。

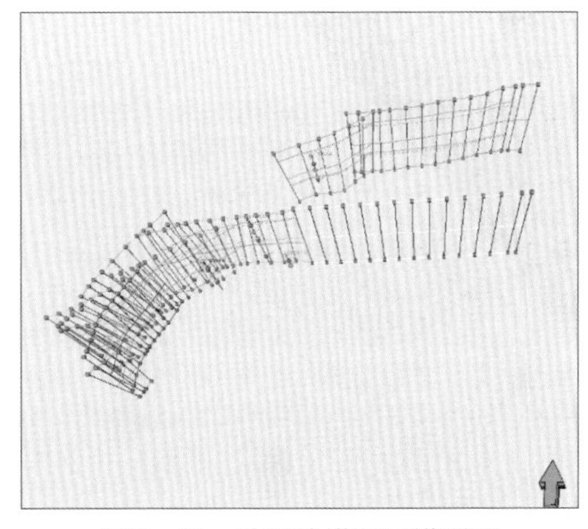

图2-49　地质建模断层模型图

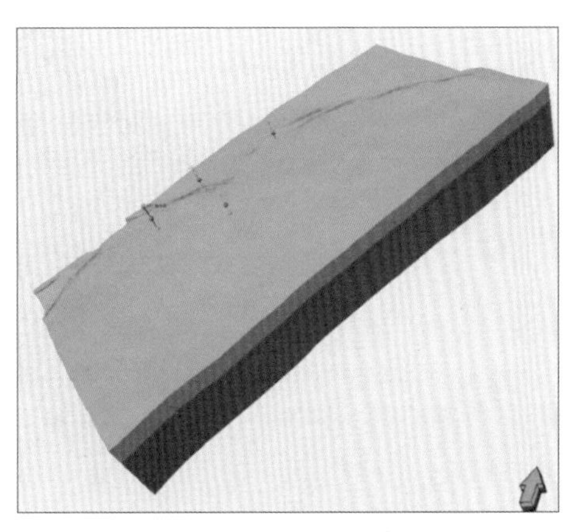

图2-50　地质建模构造模型图

（二）岩相模型

岩相模型以测井岩性解释资料为基础，结合地质统计学反演岩性数据体和砂、泥、砾岩的反演概率体（见图2−51），进一步精细地描述地层厚度、岩相变化，以及储层的三维分布特征。在上述工作的基础上，应用基于目标模型的条件模拟方法建立工区的三维整体岩相模型（见图2−52）。

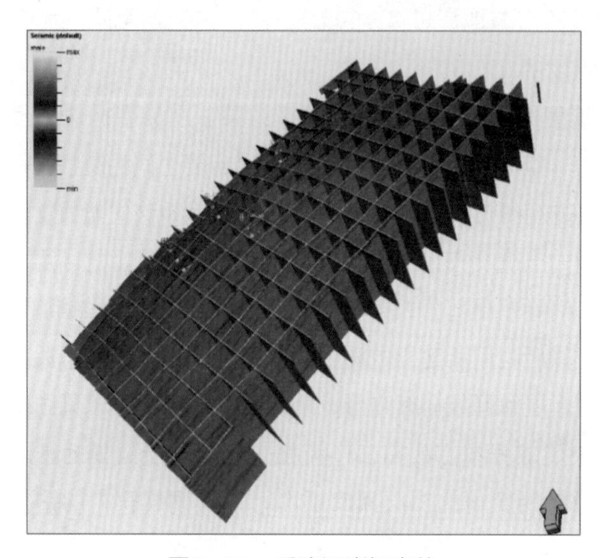

图2−51　反演泥岩概率体

图2−52　地质建模岩相模型图

（三）属性模型

在建立岩相模型的基础上，根据测井解释储层物性资料，采用随机模拟法，调变差函数，在地质规律认识的基础上，首先设置主方向的分析参数（包括带宽、搜索半径、步长、容忍度等），然后设置次方向和垂向上的参数，最终建立目标层储层参数（孔隙度、渗透率）三维分布模型（见图2-53、图2-54）。

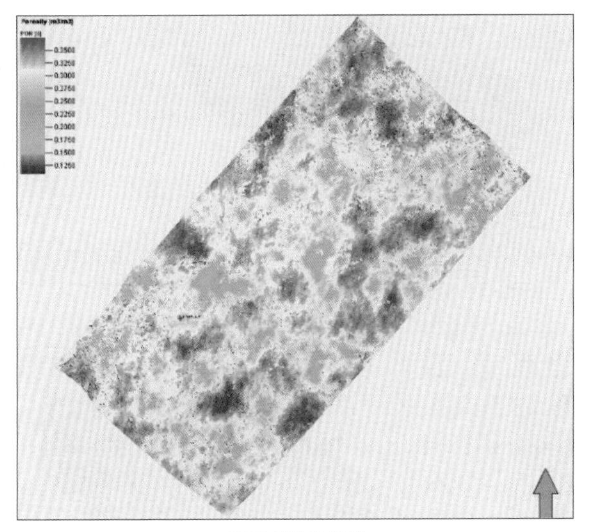

平面孔隙度模型

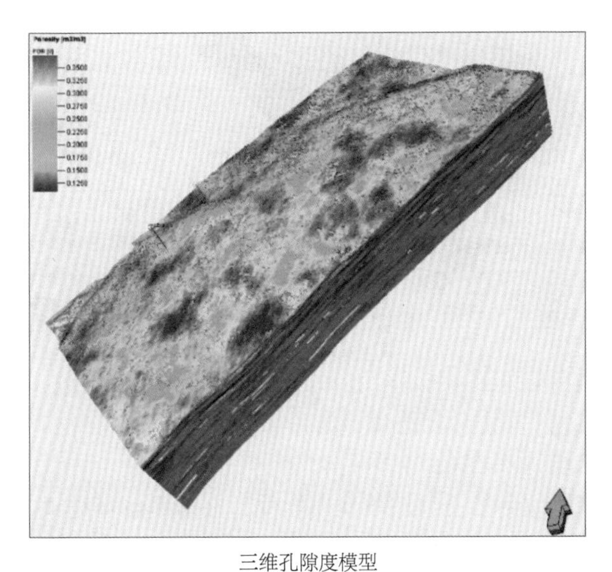

三维孔隙度模型

图2-53　孔隙度模型图

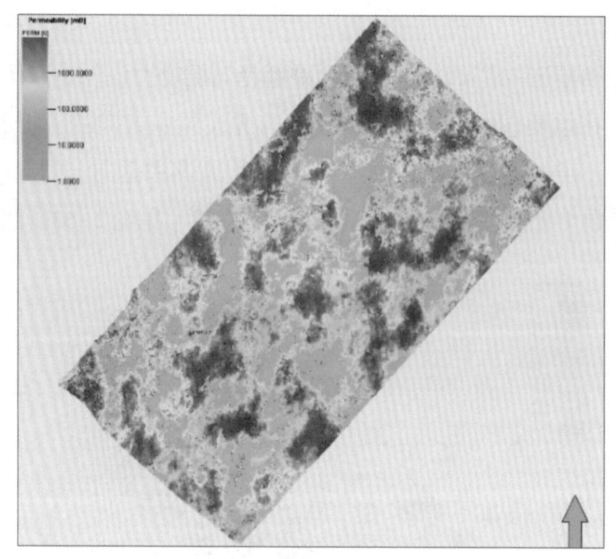

平面渗透率模型

三维渗透率模型

图2-54　渗透率模型图

（四）模型结果

利用当前广泛应用的三维地质建模软件，在地震解释结果、测井解释结果和油气藏精细描述的地质认识基础上，我们依据油气藏描述和地质建模的最新理论和实用技术规范，建立完整的工区地质模型。该模型的基本构成是断层模型、层面空间模型、储层相模型，以及主要由孔（孔隙度）、渗（渗透率）、饱（饱和度）所表达的油气藏属性模型。模型在三维空间很好地表达了油气藏的构造、岩相、孔隙度、渗透率及砂体、夹层三维分布特征。

以旅大C油田为例，对模型进行统计，其结果与测井解释基本一致：模型平均孔隙度为31%，原始曲线平均孔隙度为32%，模型平均渗透率为1432mD，原始曲线平均渗透率为1400mD（见图2-55）。油层地质模型平均孔隙度平面

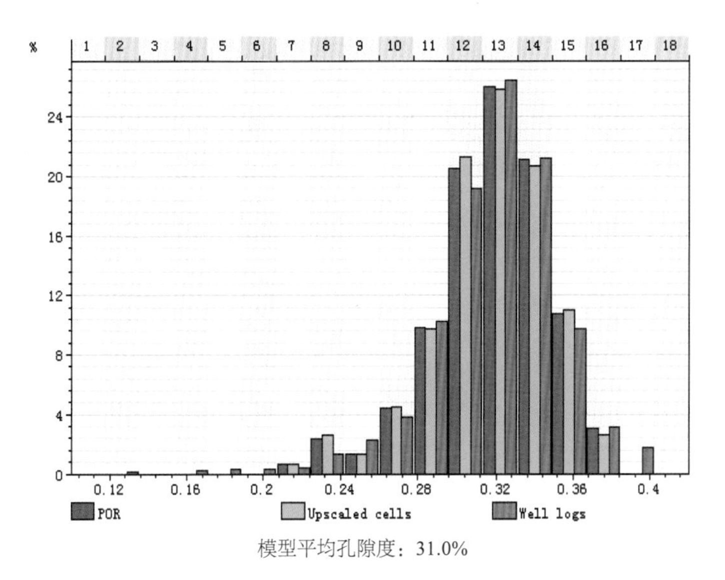

模型平均孔隙度：31.0%

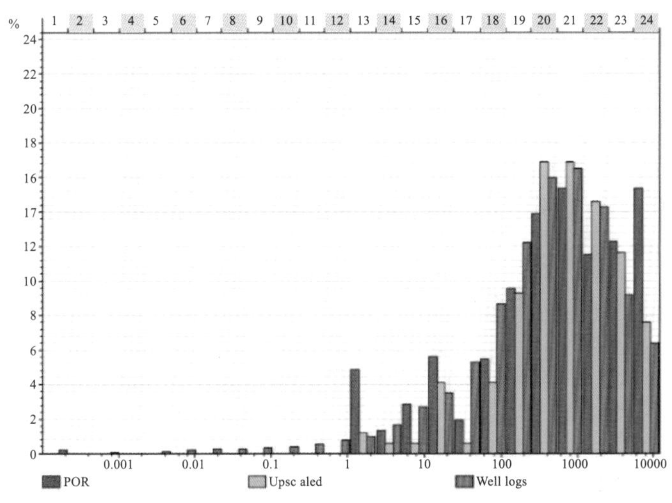

模型平均渗透率：1432mD

图2-55　模型物性统计结果图

图和油层地质模型平均渗透率平面图显示，物源方向为北北东向，砂体内部的物性也有所差别，即油层存在平面非均质性。根据岩性和物性三维模型综合分析，油气藏储层受沉积环境控制，纵向上和平面上的分布与变化没有明显的规律性，岩性控制了储层物性。

第三节　边底水描述技术

边底水对特殊稠油热采开发至关重要，边底水的存在将给稠油热采带来程度不同的影响。在热采处理过程中，边底水快速吸收注入蒸汽热量，造成大量热损耗，影响热采开发效果。在热采后期，油藏压力降低，边底水沿高渗孔道快速向生产井流动，油井容易发生边水侵入、底水锥进；如果生产压差控制不好，则会导致边底水的严重侵入，采收率降低，严重的会导致油井水淹，被迫关井。其影响程度一是取决于边底水能量大小，即活跃程度，活跃程度越大，侵入越严重；二是取决于生产井离水体的距离，生产井离水体的距离越近，侵入越严重。边底水重点评价因子为水体规模和纯油区、过渡带水体分布位置。

一、水体能量评价方法

水体能量的评价方法与海上油田地质储量品质评价规范中水体评价方法类似。针对某个特殊稠油油藏，在宏观沉积相研究的基础上，首先结合测井、地震资料，预测含油范围周边储层的发育情况，确定水体分布范围；其次根据测井解释成果，确定储层的厚度、物性等参数；最后根据容积法计算水体规模，确定水体倍数，为油藏工程研究奠定基础。

①水体规模计算方法如下：

$$V_{\mathrm{w}} = 100 \cdot A \cdot H \cdot \phi$$

式中　A——水体面积，km^2；

H——有效储层厚度，m；

ϕ——有效储层孔隙度，小数。

②水体倍数计算方法如下：

$$W_r = \frac{V_W}{V_O}$$

式中　W_r——水体倍数；

V_W——水体所占的地下孔隙体积，m^3；

V_O——油气所占的地下孔隙体积，m^3。

二、纯油区、过渡带水体分布描述

热采井开发效果与水体分布位置息息相关。理想的热采开发井与水体保持一定距离，若在边底水之上，最好是保持一定的避水高度，为此需要确定纯油区、过渡带水体的位置。

一般结合油藏顶面构造图，根据钻井解释油水界面的海拔深度确定油藏外含油边界位置；若是边水油藏，还要结合油藏顶面构造图和钻遇油水界面，确定内含油边界位置，投影到已圈定外含油边界的构造图上即可确定过渡带和纯油区的分布位置，为热采井部署打下基础。

第四节　热采地质储量品质评价技术

热采储量品质评价仍然按照海上油田地质储量品质评价规范重点开展工作。针对热采开发，我们具体论述如下重点技术。

一、探明储量单元的渗透率－黏度－储量规模交会分析技术

针对一个具体油田，当稠油热采单元较多，原油黏度、储量规模或储层物性存在较大差异时，需要筛选出主力单元，提出整体的开发策略，此时需要探明储量单元的渗透率－黏度－储量规模交会分析图（见图2-56），清楚地反映出主力单元及次要单元的特征。图2-56的横纵坐标分别为渗透率和地层原油黏度，该图为对数坐标。

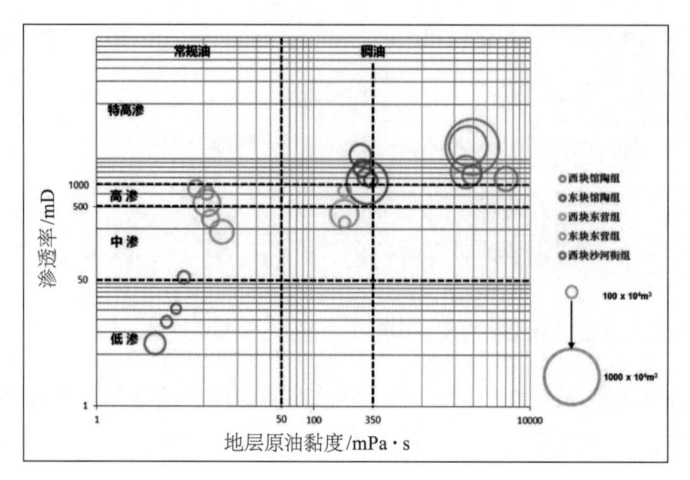

图2-56　探明储量单元的渗透率–黏度–储量规模交会分析图

二、重点区域储量规模评价

针对边水特殊稠油油藏，需要重点评价纯油区、过渡带地质储量规模，据此可以明确热采动用储量的立足点。若过渡带地质储量规模较大，需要评价过渡带位置大于热采开发储层门限厚度的储量规模及分布范围。针对底水特殊稠油油藏，重点评价底水之上油层厚度大于热采门限值的储量规模及分布范围。

第三章

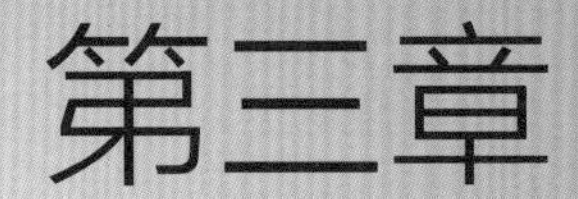

稠油热采方案设计油藏工程方法

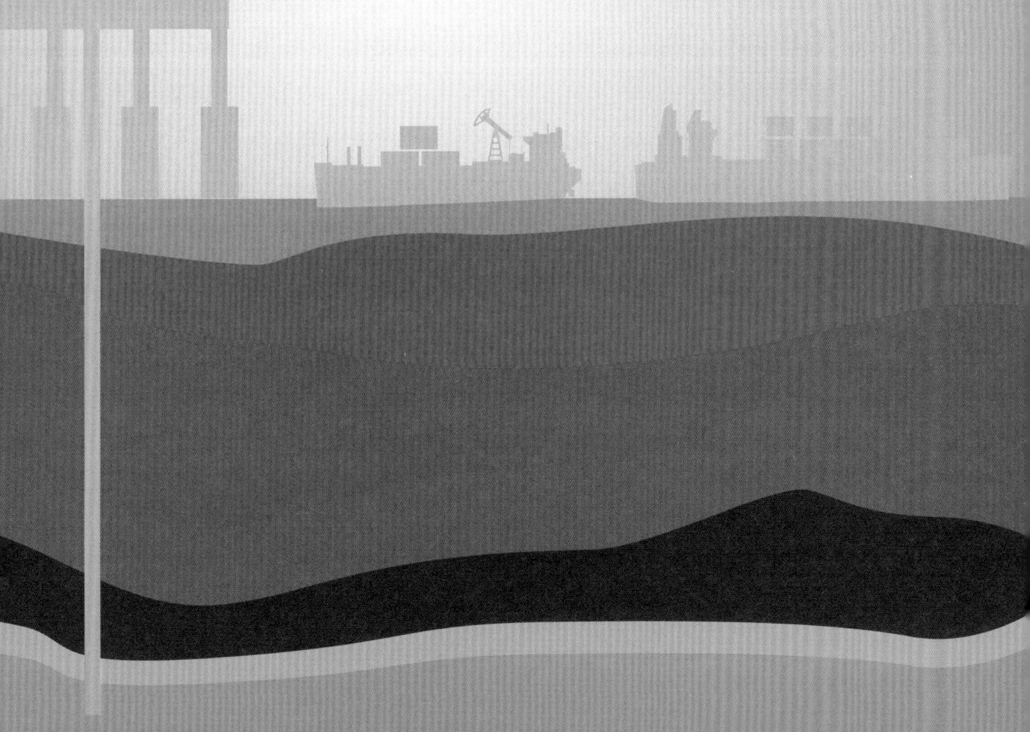

本章针对海上热采的特点，介绍了海上稠油热采方案设计中常用的油藏工程方法，包括基础参数确定方法、产能评价方法、采收率预测方法和海上热采合理井距确定方法。

第一节　基础参数确定

稠油热采通常需要完成4种类型原油和岩石热物性测试、流体性质测试、高温压缩系数分析、高温相渗测试的基础实验测试以满足后续开发方案设计，特别是要满足油藏工程方法和油藏数值模拟工作的需要。

一、原油及岩石的热物理性质

在稠油热采的油藏模拟计算中，因为要考虑油藏中的能量守恒问题，必须考虑油藏中各相的吸热、导热、散热问题，因此要研究油层、顶底盖层的热容、导热系数、扩散系数和膨胀系数等热物性参数值，用于计算油层中热损失、温度场分布、加热带的扩展及加热效率等。对于一个大型新区，需要通过室内实验方法测定油藏的热物性参数值。对于小型油藏或有邻近已开发油藏数据的，可以采用经验公式或类比借用方法确定热物性参数。

（一）比热容和体积热容

热容（量）与比热容有概念上的区别[3]。热容也称为体积热容（Volumetric Heat Capacity），定义为单位体积每升温1℃所需的热量。比热容（Specific Heat）是指按重量计算，定义为每单位重量升温1℃所需的热量。

原油的比热容定义为：单位质量的稠油，温度升高1℃所需要的热量。一般稠油比热容是水的比热的一半，大约为2kJ/（kg·℃）。也可采用Gambill计算公式计算：

$$C_o = (1.6848 + 0.00391T)/\sqrt{\gamma_o} \tag{3-1}$$

式中　C_O——原油的比热，kJ/（kg·K）；

T——温度，℃；

γ_O——原油的相对密度。

更精确的计算公式如下：

$$C_O = a + b(T + 273) + c(T + 273)^2 \quad (3-2)$$

式中　a、b、c——常数，根据原油而定，见表3-1。

式（3-2）也适用于超过表中T值的情况。

岩石的比热容是指单位质量的岩石温度升高1℃所吸收的热量。岩石的热容是指单位体积的岩石温度升高1℃时所吸收的热量。典型孔隙性岩石体积热容范围为$2.0\times10^6\sim2.4\times10^6$J/（$m^3$·℃）。

一般来说，实验需要测试原油、泥岩、砂岩这3个样品在3个温度点（地层温度、最高温度、地层温度和最高温度的中间值）条件下的比热容，共计9个数据点。

表3-1　各种稠油计算比热容C_p的a、b、c常数

稠油来源	a	b	c	温度T/℃
阿萨巴斯卡（加拿大）	1.763	1.542×10^{-3}	-4.884×10^4	27～327
冷湖，Esso.R（加拿大）	2.055	1.108×10^{-3}	-6.021×10^4	27～327
冷湖，BP（加拿大）	1.655	2.068×10^{-3}	-5.301×10^4	47～327
Eyehill-Lloydminster（艾尔山-洛伊德明斯特，加拿大）	1.383	2.218×10^{-3}	-2.704×10^4	27～327
Primrose（普里姆罗斯，英国）	1.181	2.635×10^{-3}	-1.929×10^4	47～327
和平河，早期（加拿大）	1.634	1.581×10^{-3}	-3.973×10^4	27～327
和平河，近期（加拿大）	1.980	1.196×10^{-3}	-5.725×10^4	27～327
Grosmont（格罗斯蒙特，英国）	1.379	2.286×10^{-3}	-3.436×10^4	47～327
沥青山，犹他（美国）	1.596	2.175×10^{-3}	-4.539×10^4	27～327
马达加斯加	1.659	1.848×10^{-3}	-4.619×10^4	27～327
尼日利亚	1.817	1.535×10^{-3}	-5.441×10^4	27～327
刚果（金）	1.961	1.161×10^{-3}	-5.969×10^4	27～327
委内瑞拉	1.623	1.887×10^{-3}	-3.951×10^4	27～327

（二）导热系数

由导热基本方程傅里叶定律可知，单位时间内传导的热量和温度梯度与垂直于热流方向的截面积成正比[4]。导热系数越大，表示物质的导热性能越好。导热系数和物质的组成、密度、温度以及压力等有关，一般可由实验测得，也可由经验公式计算。碎屑岩石的导热系数取决于岩石颗粒的矿物成分、胶结类型、孔隙度、流体饱和度、流体类型以及油藏温度和压力等因素[5]。典型孔隙性岩石导热系数范围为1.7～2.4W/（m·K）（1.47×10^5～2.07×10^5J/m·d·℃）。

原油的导热系数通常采用式（3-3）计算：

$$\lambda_o = 0.0984 + 0.109\,[1-(T-273)/(T_b-273)] \tag{3-3}$$

式中 λ_o——导热系数，W/（m·K）；

T_b——原油的沸点，℃。

另一式是Cragoc公式：

$$\lambda_o = 0.0391(1-0.00054T)/\gamma_o \tag{3-4}$$

在对导热系数实验结果进行回归分析后得知，孔隙度是最重要的影响参数，其次是密度及渗透率。密度越大导热系数越大，孔隙度越大导热系数越小。而饱和液体的固结砂岩的导热系数，随着总密度及液体饱和度的增加而增大。在有两种液体饱和或有液体及气体饱和的情况下，润湿相的导热系数对岩－液系统的导热系数具有决定性的影响。因此对于亲水砂岩，饱和液体的导热系数可以近似取水的导热系数。天然气饱和砂岩（气层）的导热系数，可近似采用干燥砂岩（饱和空气）的导热系数。疏松砂岩的导热系数测定较困难，Somerton（萨默顿）等人实测美国典型稠油油藏疏松砂岩导热系数的结果表明，饱和流体的未固结砂的导热系数主要取决于液体饱和度及润湿相液体的导热系数，其次是孔隙度和固相的导热系数。一般认为温度和压力对导热系数的影响很小。

实验测试原油、泥岩、砂岩这3个样品在3个温度点（地层温度、预计热采时最高温度、地层温度和最高温度的中间值）条件下的导热系数，共计9个数据点。

（三）热膨胀系数

稠油的热膨胀系数指稠油体积随温度的变化率。热膨胀系数需要通过实验测定体积或密度随温度的变化来确定。在没有合适的原油体积及热膨胀系数实验数据的情况下，可以考虑借用参考值9×10^{-4}℃$^{-1}$。

实验测试原油、砂岩这2个样品在3个温度点（地层温度、预计热采时最高温度、地层温度和最高温度的中间值）条件下的热膨胀系数，共计6个数据点。

（四）热扩散系数

地层岩石的热扩散系数是导热系数与体积热容之比，即：

$$\alpha=\frac{\lambda}{M_{\mathrm{r}}}=\frac{\lambda}{\rho C_{\mathrm{P}}} \tag{3-5}$$

式中　α——热扩散系数，m^2/s；

λ——导热系数，W/（m·K）；

M_r——油藏地层岩石热容，J/（m^3·K）；

ρ——油层条件下的密度，kg/m^3；

C_P——油层条件下的比热容，J/（kg·K）。

热扩散系数一般用计算方法求得。对干燥岩石来说，温度增加，热容增加，而导热系数下降，因而岩石的热扩散系数（除凝灰岩外）大幅度下降。

Somerton概括的孔隙性岩石热物性参数见表3-2。典型的孔隙性岩石的导热系数范围为1.7～2.4W/（m·K），体积热容为2000～2400kJ/（m^3·K），热扩散系数约为0.0037m^2/h。

表3-2　美国常用油藏岩石热物性参数

岩性	密度/（kg/m^3）	比热容/［kJ/(kg·K)］	导热系数/W/（m·K）	热扩散系数/（m^2/h）	体积热容/［kJ/(m^3·K)］
（1）干燥岩石					
砂岩	2082.4	0.766	2.995	0.0020	1596
细砂	1906.2	0.846	（0.692）	（0.0016）	1610
细砂岩	1922.2	0.854	0.685	0.0015	1643
页岩	2322.7	0.804	1.044	0.0020	1864
石灰岩	2194.5	0.846	1.701	0.0033	1858
粉砂	1633.9	0.766	0.626	0.0018	1254
粗砂	1746.0	0.766	0.557	0.0015	1335

续表

岩性	密度/（kg/m^3）	比热容/［kJ/(kg·K)］	导热系数/W/（m·K）	热扩散系数/（m^2/h）	体积热容/［kJ/(m^3·K)］
（2）饱和水的岩石					
砂岩	2274.6	1.055	2.755	0.0041	2401
细砂	2114.4	1.206	（2.596）	（0.0037）	2549
细砂岩	2114.4	1.156	（2.613）	（0.0039）	2441
页岩	2386.7	0.892	1.687	0.0029	2126
石灰岩	2386.7	1.114	3.548	0.0048	2656
粉砂	2018.3	1.419	2.752	0.0035	2864
粗砂	2082.4	1.319	3.072	0.0040	2750

注：括号内为估计值。

二、流体性质分析

特殊稠油流体分析与常规原油有所区别，下面以分析流程为基础，对比该部分工作的异同点，以形成特殊稠油流体分析技术方法。

由于特殊稠油在地层中流动能力较差，其自然产能较低。在测试过程中，地面取样时原油产量低、气油比低，无法测得较为准确的气油比；地层取样时，由于测试压差普遍较大，井底原油易于脱气，所取到的油样不能完全代表地下情况；对于一些无自然产能的特、超稠油，只能通过井筒加热取得一些受热后的脱气油样。以上情况均需要进行系统分析以确定地下原油性质，根据数据基础的不同，分析方法如下：

（1）目标油田有PVT（小批量过程验证测试）样品

首先检查数据基础，当PVT取样层段具有代表性，并且在化验分析报告中实验流程流畅、测试合理，操作及计算方法按照行业标准执行时，认为化验分析结果可直接使用。针对实验结果，一般分析地层原油黏度等参数在平面和纵向的变化规律，在条件许可的情况下应与区域流体一同分析，若有异常，建议补测样品，并对不同测试结果进行综合分析，基于区域流体规律类比，给出地层流体性质的推荐值。

以渤海某油田流体分析为例，1井PVT分析测试1结果表明，原油密度为0.932g/cm^3，地层原油黏度为440mPa·s，饱和压力为9.06MPa，地饱压差为0.59MPa，溶解气油比为21m^3/m^3，原油体积系数为1.046。

在方案设计阶段，1井样品进行了PVT测试2，结果为：原油密度为0.922g/cm^3，地层原油黏度为342mPa·s，饱和压力为7.61MPa，地饱压差为2.00MPa，溶解气油比为19m^3/m^3，原油体积系数为1.061。

两个PVT分析的对比如图3-1所示，在地层温度51℃条件下，测试1结果中脱气原油黏度折算地面脱气原油黏度（50℃）为472mPa·s，与实测地面脱气原油黏度1202mPa·s差别较大。

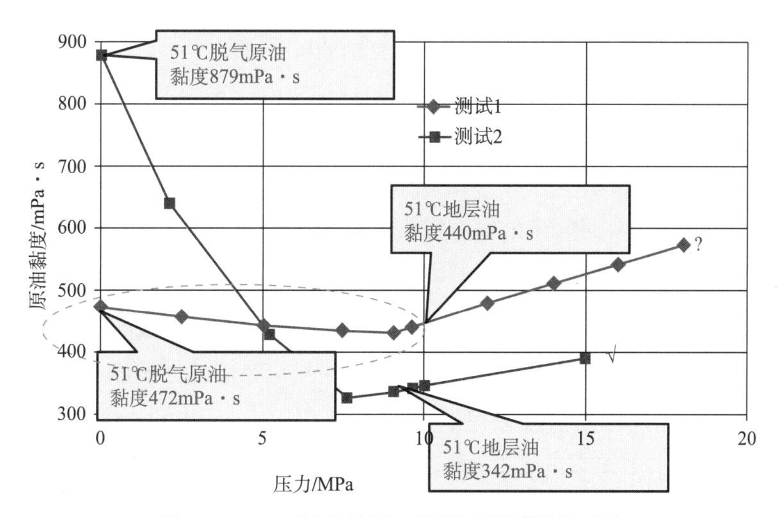

图3-1　NmI油组地层原油黏度测试结果对比

参考相似油田，地层原油黏度为350～500mPa·s的油样，其溶解气油比为8～22m^3/m^3（见图3-2）。若采用Beggs公式［式（3-6）～式（3-8）］计算，当脱气油黏度为1202mPa·s、溶解气油比为15m^3/m^{3}时，地层原油黏度为320mPa·s，与测试2结果接近。通过综合分析，推荐地层原油黏度采用测试2的结果，即地下原油黏度为342mPa·s。

（2）目标油田有地面原油及天然气样品，无PVT样品

当地面原油样品的分析化验结果准确时，可以考虑对地面样品进行复配。当目标油田取得溶解气样品，并获得气油比时，可按照测试气油比复配地下原油样品。当有气样组分分析但未保存气样时，可以寻找相近气样进行样品复

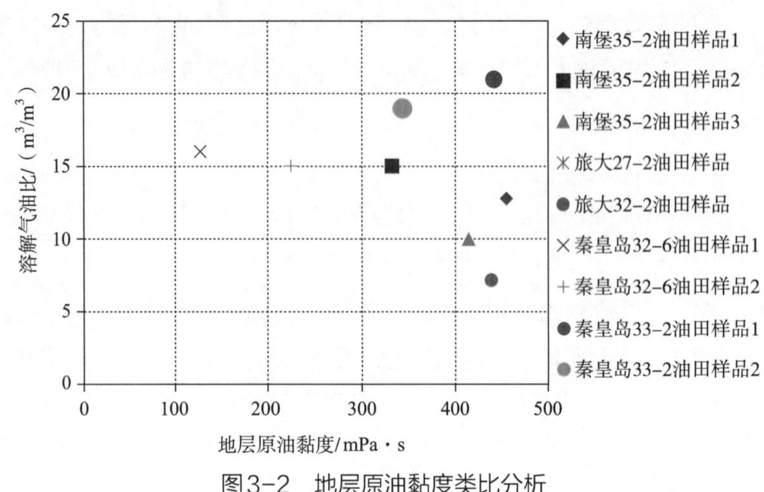

图3-2　地层原油黏度类比分析

配。当无法确定气油比时，可类比相似油田的溶解气油比。

当不具备样品复配条件时，还可根据经验公式计算地层原油黏度。一般根据黏度与温度的关系，预测地层温度下脱气原油黏度，之后采用公式计算地层原油黏度。经验公式多由普通稠油实验规律回归得到，若公式中的参数适用范围不能满足要求，则需使用区域数据验证其适用性，只有通过验证方能使用。

以渤海蓬莱区域某区块流体分析为例，该区块无PVT样品，通过地面原油和借用的天然气样品进行复配，在原始地层压力为11.1MPa，地层温度为55.0℃条件下的脱气油黏度为4561～10764mPa·s。回归分析区域相近流体地面原油黏度和气油比关系见图3-3，地面原油黏度对应的气油比约为10m³/m³，按照气油比10m³/m³复配油样，在55.0℃下的地层原油黏度为2310mPa·s。

不具备样品复配条件时，还可通过经验公式计算，目前常用的公式为Beggs公式：

$$\mu_o = A\mu_{od}^B \tag{3-6}$$

$$A = (5.615 \times 10^{-2}R_s + 1)^{-0.515} \tag{3-7}$$

$$B = (3.7433 \times 10^{-2}R_s + 1)^{-0.338} \tag{3-8}$$

式中　μ_o——地层原油黏度，mPa·s；

μ_{od}——油藏温度下地面脱气原油黏度，mPa·s；

R_s——溶解气油比，m³/m³；

A、B——系数。

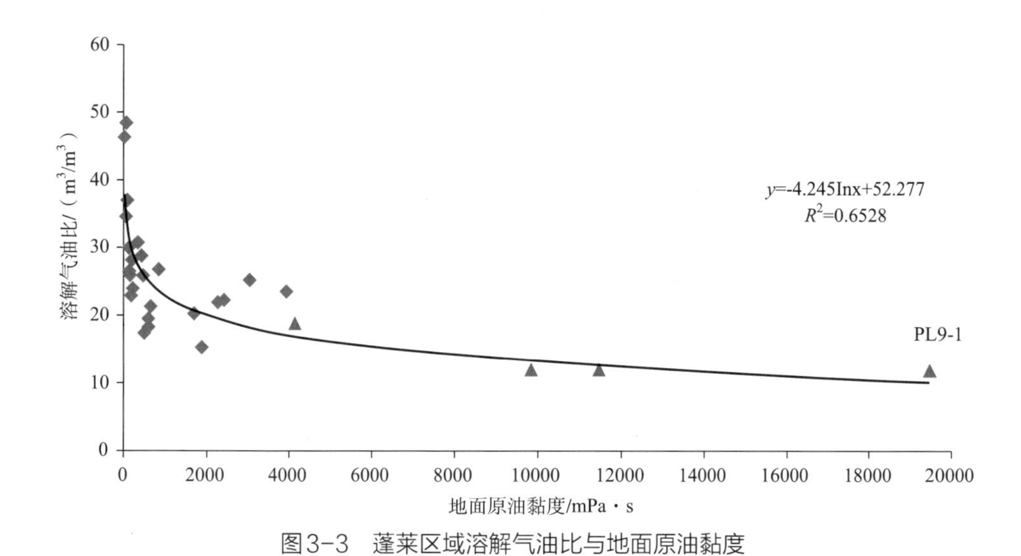

图3-3　蓬莱区域溶解气油比与地面原油黏度

可以看出，已知地面原油黏度和气油比即可计算出地层原油黏度。我们使用实际数据对该公式的适用性进行了验证，在实验室分别测定了气油比为5m³/m³、10m³/m³和15m³/m³下的地层原油黏度值，与Beggs公式计算结果进行对比显示：当Beggs公式计算气油比为10m³/m³时，地层原油黏度为2148.3mPa·s，与实验室测定值2310mPa·s误差在7%以内。由此说明，可用于对其他开发单元地层原油黏度进行预测。

（3）目标油田/层位没有流体样品

在这种情况下，应类比周边井相同层位油藏地层原油性质。当目标层位没有流体样品时，可借鉴该井相近层位地面原油黏度和地层原油气油比，考虑目的层位地层压力、温度进行校正，采用Beggs公式计算给出目标地层原油黏度。渤海某区块明上段Ⅱ-2和Ⅳ油组借鉴明上Ⅲ-2油组性质，根据Beggs公式计算的地层原油黏度预测结果见表3-3。

表3-3　渤海某区块地层原油黏度预测

层位	油组	地层温度/℃	地层温度下脱气油黏度/（mPa·s）	溶解气油比/（m³/m³）	A	B	地层原油黏度/（mPa·s）
N_2m^U	Ⅱ-2	53	10764	10	0.79	0.9	3322
	Ⅲ-2	56	5613	10	0.79	0.9	1851
	Ⅳ	61	4561	10	0.79	0.9	1536

以渤海油田135组原油物性参数为基础，开展了原油物性参数分布规律性研究、原油物性参数主控因素分析，并建立了原油物性参数预测图，可作为渤海油田类比借用的依据，具体如下：

①原油物性参数平面分布规律。从成藏角度来看，渤海油区影响原油稠化的因素主要包括：油藏埋深浅、地温低；运移距离远，轻组分散失；泥岩封盖条件差，地表水渗入稠化原油；边底水氧化；微生物降解。总体来看，平面上从北向南，渤海油区新近系油田盖层逐渐变厚，原油性质逐渐变好，呈现从沥青—超稠油—特稠油—常规稠油—正常原油—轻质油的变化。在明化镇组，最北部的辽东区域原油物性明显差于其他区域（见图3-4）。

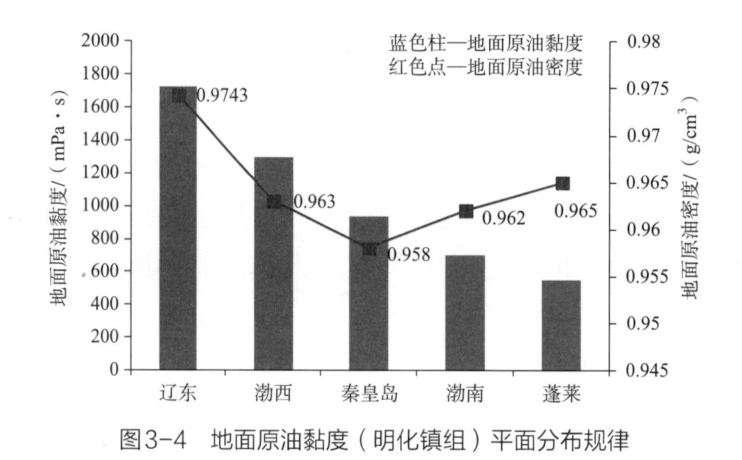

图3-4　地面原油黏度（明化镇组）平面分布规律

②原油物性参数纵向分布规律。各个区域不同高压物性参数与埋深的关系（见图3-5、图3-6）显示，纵向上，随着深度增加，原油性质呈变好趋势，深储层地层原油黏度低于浅储层地层原油黏度，例如辽东区域明化镇组原油埋深浅，地层原油黏度（1720mPa·s）高于东营组（1232mPa·s），如图3-7所示。但原油性质也受其他因素影响，包括边底水、物源、成藏条件等，例如蓬莱区域馆陶组油藏受边底水影响，地面原油黏度反而高于明化镇组，如图3-8所示。

通过对渤海区域实际流体资料进行统计分析，我们发现地层原油黏度与地面脱气原油黏度呈大致的幂指数关系（见图3-9）。可以看出，渤海地区地面原油黏度1000mPa·s、2000mPa·s、3000mPa·s所对应的地层原油黏度分别为200.1mPa·s、493.2mPa·s和1212.9mPa·s，二者的比值分比为5、4和3。该结论可为相似油田地层原油黏度初步预测提供依据。

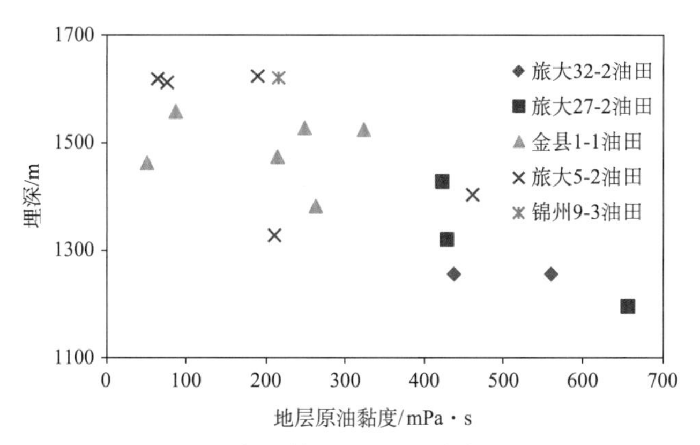

图3-5 辽东区域地层原油黏度与埋深关系

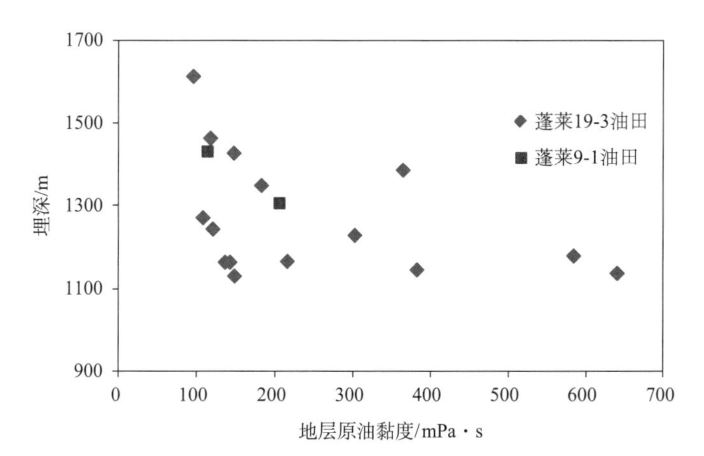

图3-6 蓬莱区域地层原油黏度与埋深关系

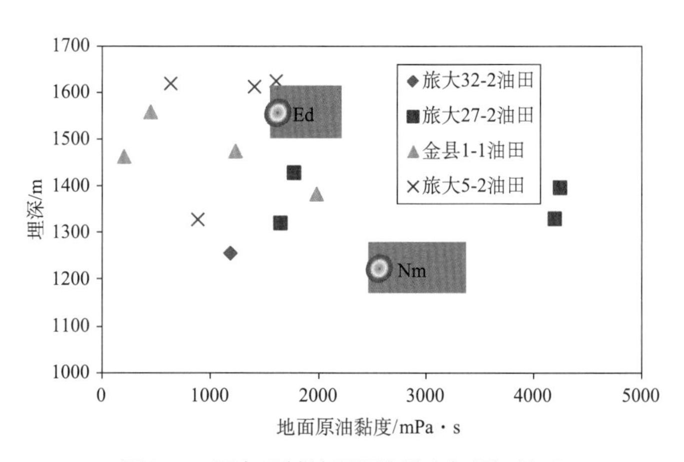

图3-7 辽东区域地面原油黏度与埋深关系

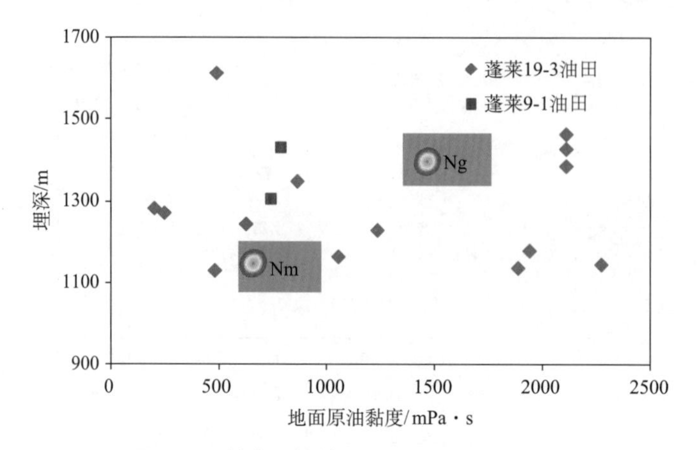

图3-8　蓬莱区域地面原油黏度与埋深关系

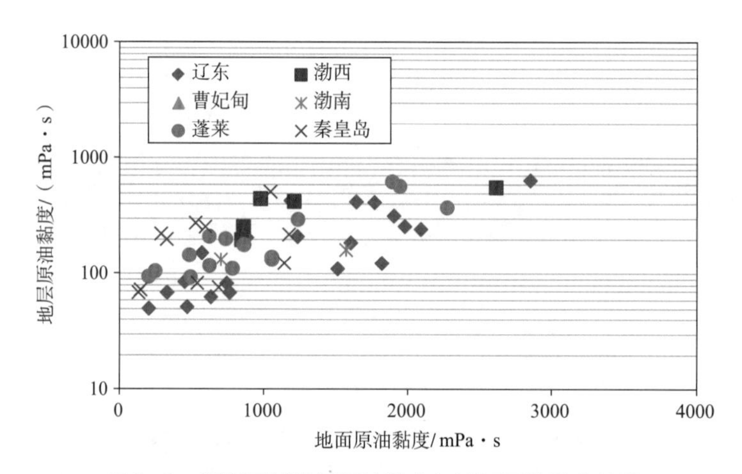

图3-9　渤海区域地层原油黏度与地面原油黏度关系

随着地面原油密度增加，地层原油黏度也呈增大趋势，二者有大致幂指数关系。从图3-10中可以看出，渤海地区地层原油黏度50mPa·s的常规稠油和黏度大于350mPa·s的特殊稠油所对应的地面原油密度下限分别为0.945g/cm^{3}和0.974g/cm^3。

统计分析实测高压物性资料形成了相应的渤海区域地层原油黏度与溶解气油比关系图版（见图3-11）。可以看出，渤海地区地层原油黏度50mPa·s的常规稠油和黏度大于350mPa·s的特殊稠油所对应的溶解气油比下限分别为36m^3/m^{3}和14m^3/m^3。

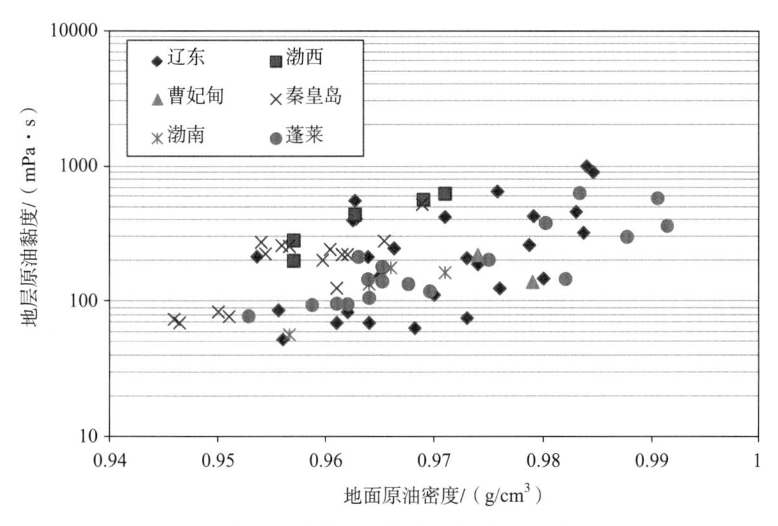

图3-10　渤海区域地层原油黏度与地面原油密度关系

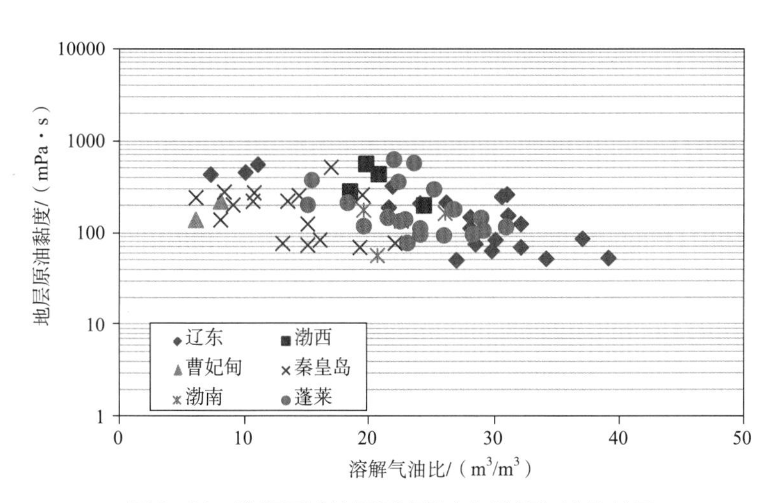

图3-11　渤海区域地层原油黏度与溶解气油比关系

原油组成是决定原油黏度高低的内因，而其中胶质沥青质含量的多少则是对原油黏度影响最大的因素。从图3-12中可以看出，高胶沥含量（30%～45%）主要集中在辽东区域。

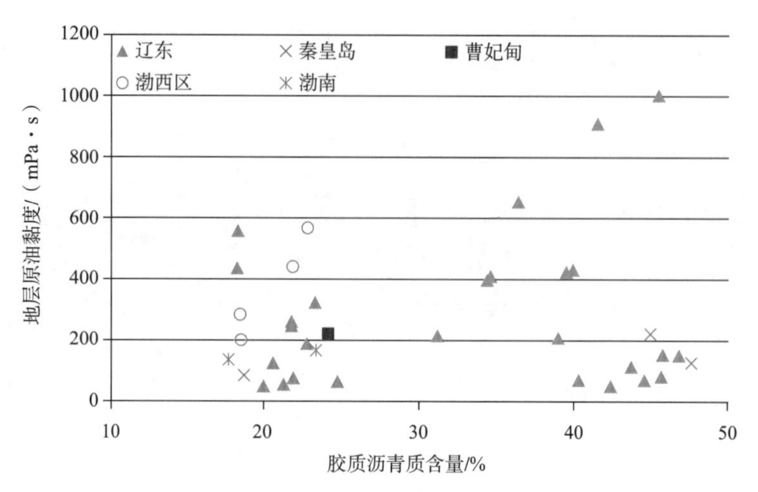

图3-12　渤海区域地层原油黏度与胶质沥青质含量关系

三、高温压缩系数分析

压缩系数代表天然能量的大小，高温压缩系数分析与常规压缩系数分析有所区别。本节重点分析高温压缩系数影响因素及规律，以形成高温压缩系数分析方法。

（一）岩石压缩系数定义及测定方法

储层岩石的压缩系数[6,7]是指在等温条件下，单位体积岩石中孔隙体积随油藏压力变化率，用公式表示为：

$$C_{\mathrm{f}}=\frac{1}{V_{\mathrm{f}}}\left(\frac{\partial V_{\mathrm{P}}}{\partial P}\right)T \tag{3-9}$$

式中　C_{f}——岩石压缩系数，MPa^{-1}；

V_{f}——岩石外表体积，cm^3；

V_{p}——岩石孔隙体积，cm^3；

$\frac{\partial V_{\mathrm{P}}}{\partial P}$——等温条件下岩石孔隙体积随油藏压力的变化值，由于压力降低孔隙体积缩小，因此该值为正值，$\mathrm{cm}^3/\mathrm{MPa}$。

而在数值模拟中，输入的一般为孔隙压缩系数，孔隙压缩系数是指改变单位孔隙压力时，单位孔隙体积的变化值，即：

$$C_p = \Delta V_p / \Delta P = -\frac{1}{V_p} \times \frac{dV_p}{dP} \tag{3-10}$$

式中　C_p——孔隙压缩系数，MPa^{-1}；

P——孔隙压力，MPa；

V_p——孔隙体积，cm^3。

岩石压缩系数与孔隙压缩系数的关系为：$C_f = \phi C_p$。

目前室内实验通常测量室温条件下的孔隙压缩系数[8~10]，但是有学者研究发现，岩石的压缩系数等压缩性质除了受沉积岩石的成分、结构和构造等内在因素影响外，温度、压力等外在因素也起着重要的作用。因为岩石矿物颗粒随温度的变化而发生热胀冷缩，导致矿物颗粒间接触发生了变化进而使得其强度发生变化，即孔隙压缩系数应随着温度的变化而变化。W.D. Von Goten等人通过室内实验研究发现，孔隙压缩系数与温度及孔隙度具有较强的相关性[11~15]。

测量不同温度下的岩石孔隙压缩系数的方法参考标准《孔隙压缩系数测定方法（SY/T 5815—2016）》，但与标准不同的是测量时需将岩芯加热到实验设计温度，保持温度恒定后测量岩石孔隙压缩系数。

本文通过大量实验统计、分析，得到了孔隙度、温度、温度循环对孔隙压缩系数的影响规律。

（二）孔隙度对岩石孔隙压缩系数的影响[16~18]

以渤海旅大A油田岩芯为例，测试了在25℃条件下不同孔隙度的岩芯孔隙压缩系数随净有效覆盖压力（上覆岩石压力减去孔隙压力）的变化曲线，如图3-13所示。从图3-13中可以看出，在相同的净有效覆盖压力条件下，旅大A油田孔隙压缩系数随岩芯孔隙度的增加而增大。如在温度为25℃、净有效覆盖压力为9.0MPa时，当孔隙度从21%增大到38%时候，压缩系数从$5.7 \times 10^{-4} MPa^{-1}$增加到$17.7 \times 10^{-4} MPa^{-1}$，增加幅度为210.5%。其原因为岩芯孔隙度越大，骨架颗粒间的接触面积越小，岩芯骨架胶结强度越低，在应力作用下高孔隙度岩芯颗粒间的接触结构越容易被破坏，表现出较低的弹性模量，更容易发生变形。当受到外部应力作用时，高孔隙度的岩芯就会表现出更大的变形量，表现出较大的压缩系数。但是当孔隙度增大到一定程度后，岩石孔隙压缩系数增加幅度减小，如图3-14所示。

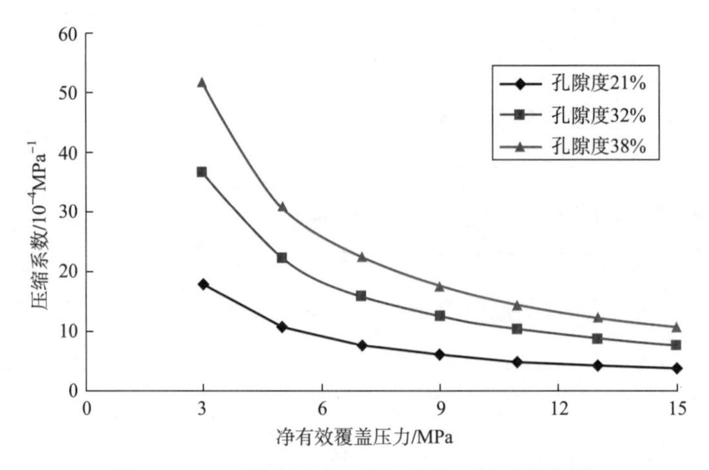

图3-13　不同孔隙度下岩石孔隙压缩系数曲线

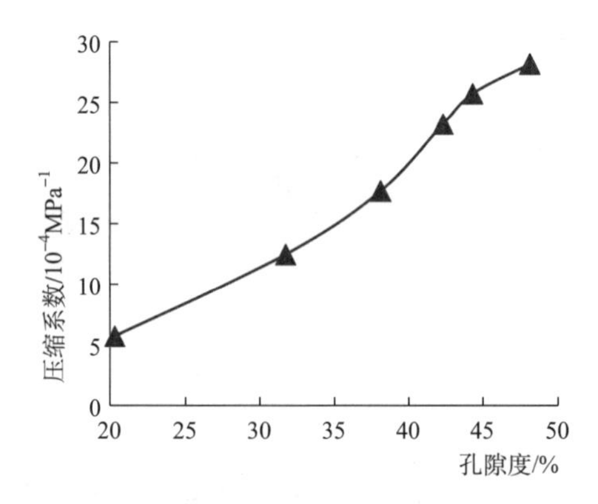

图3-14　压缩系数随孔隙度变化关系曲线

此外，实验结果表明随净有效覆盖压力的增加，不同孔隙度岩芯的压缩系数差值逐渐减小。这主要是因为随着净有效覆盖压力的增加，岩芯被逐渐压实，高孔隙度岩芯的变形程度更大，其剩余的孔隙空间与低孔隙度岩芯差别逐渐减小，使不同孔隙度岩芯的压缩系数差值随着净有效覆盖压力的增加而逐渐减小。

（三）温度对岩石孔隙压缩系数的影响

渤海旅大A油田岩芯测试结果表明，随着温度的逐渐增加，岩石孔隙压缩系数逐渐增加，如图3-15所示，以孔隙度38%岩芯为例，当温度从50℃（油藏温度）增加到300℃（蒸汽温度），压缩系数增大了97.8×10^{-4} MPa^{-1}，增加幅度为91.2%。当温度增加到一定程度后，孔隙压缩系数增加幅度降低。当温度由25℃升高到100℃时，岩石压缩系数增加了$140.0\times10^{-4}MPa^{-1}$；而当温度由100℃升高到200℃时，岩石孔隙压缩系数仅增加了$29.1\times10^{-4}MPa^{-1}$，说明温度对稠油储层压缩系数的影响随着温度的升高而逐渐减小。

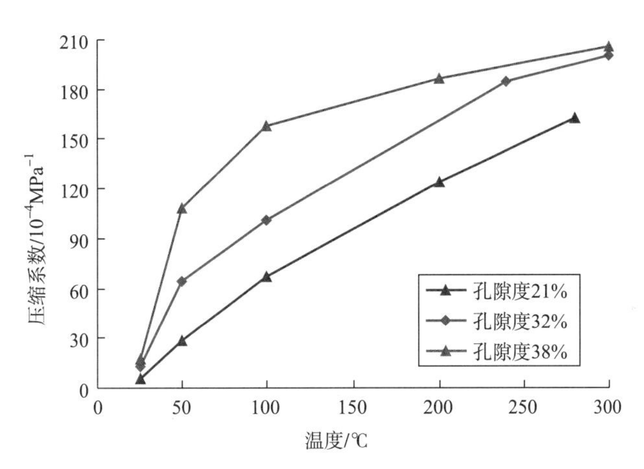

图3-15　不同孔隙度条件下岩石孔隙压缩系数随温度变化曲线

温度对孔隙压缩系数的影响机理为：构成储层岩石的不同矿物颗粒间的热膨胀系数差异很大，当温度升高时，该差异会造成岩石内部裂纹的扩展及诱导裂纹的产生和传播[19,20]；同时，温度的升高还会使岩石胶结物刚度减小，颗粒间的滑移变形阻力减小[21,22]，抗变形能力降低，岩石孔隙压缩系数也就随之增大。对于砂岩来说，弹性模量随温度升高而降低，变形随温度的增加而增大，说明高温使砂岩更容易发生压缩变形，岩石孔隙压缩系数增大。

（四）温度循环对岩石孔隙压缩系数的影响

在蒸汽吞吐开发时，储层温度和孔隙压力会经历多次升温、降温和升压、降压的循环过程，为研究多轮次蒸汽吞吐过程中储层压缩特性的变化，在每一次压缩系数测试结束后将温度降低到储层原始温度，稳定10min后再进行加温和加压，待温度和压力系统都稳定后再进行下一个循环的孔隙压缩系数测试。由于测试时要降低岩芯的孔隙压力，每次测试结束时的孔隙压力就代表每一轮次的蒸汽吞吐结束时的储层压力。如此进行多次循环，模拟多轮次蒸汽吞吐过程中储层特性的改变。

以旅大A油田为例，岩芯在最高温度为200℃时从低温到高温、从低压到高压往返循环下测定孔隙压缩系数随有效围压的变化曲线，如图3-16所示。由实验结果可知，随循环次数的增多，压缩系数逐渐降低。在进行第2次循环后压缩系数降低幅度最大，降幅为60.9%，随后降低的幅度逐渐减小，最后趋于平稳。

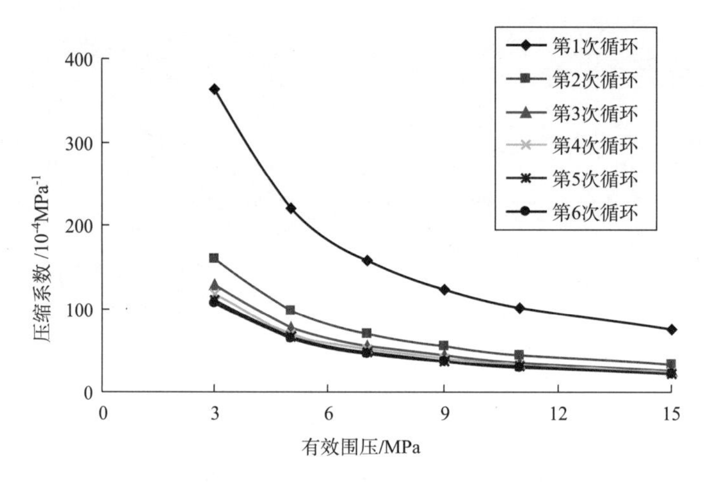

图3-16　温度对循环后岩芯压缩系数的影响（200℃）

造成孔隙压缩系数随循环次数增加而逐渐降低的主要原因是稠油储层一般胶结疏松，在应力作用下易发生不可逆的塑性变形，因此，在第1次循环时即使将外部载荷完全卸载，已发生的塑性变形也无法恢复，会造成第2次循环时可压缩的孔隙空间减小，因此孔隙压缩系数大幅降低。而在进行循环加载过程中，由于岩石本身的应变硬化作用，会使稠油储层的弹性极限得到提高，抗变形能力逐渐增强，因此，随着循环次数的增多，两次循环间的压缩系数差值逐渐减小，当岩石的弹性极限提高到实验的最大有效围压时，相邻两次循环的压缩系数将基本相同。

由以上实验结果可知，岩石孔隙压缩系数是随着净有效覆盖压力、孔隙度、温度、高低温循环次数的变化而变化的，因此在数值模拟过程中，应当使用多参数影响下的动态变化的岩石孔隙压缩系数。

四、高温相渗分析

目前稠油高温相渗测试实验方法执行行业标准《稠油油藏高温相对渗透率及驱油效率测定方法（SY/T 6315—2006）》。

通过调研陆上典型稠油热采开发油田如单家寺、高升、齐40等油田高温相渗曲线及渤海油田高温相渗实验结果，油相和水相的相对渗透率、残余油饱和度、束缚水饱和度随温度变化的规律如下：

①温度升高，水驱油岩芯残余油饱和度降低，束缚水饱和度增加，两相区增大，驱油效率增加。

②随着温度升高，油水黏度比大幅度下降。黏度比对水驱油效率的影响极大，从而使水驱残余油饱和度下降，驱油效率增大，这也是热采提高采收率的主要机理之一。典型陆上油田高温相渗端点值如表3-4所示。在无本油田实际测试数据下，可考虑驱油效率随温度升高而增加为依据，移动高温相渗端点值。

表3-4 陆上稠油油田高温相渗端点值

油田	渗透率/mD	油/热水				油/蒸汽			
		温度/℃	S_{wc}/ f	S_{or}/ f	驱油效率/%	温度/℃	S_{wc}/ f	S_{or}/ f	驱油效率/%
单家寺	>3000	120	0.365	0.291	54.2	120	0.351	0.276	57.5
		200	0.415	0.211	63.9	200	0.395	0.194	67.9
高升	1000～3000	60	0.192	0.548	32.2	60	0.208	0.511	35.5
		120	0.264	0.298	59.5	120	0.277	0.268	62.9
		200	0.324	0.236	65.1	200	0.366	0.131	79.3
齐40	1500	60	0.243	0.406	46.4	200	0.34	0.236	64.3
		120	0.272	0.314	56.8	240	0.341	0.230	65.1
		200	0.307	0.267	61.4	280	0.364	0.191	69.9
杜163井	950	60	0.316	0.449	34.4	—	—	—	—
		200	0.381	0.333	46.2	—	—	—	—
45-033	480	60	0.339	0.356	46.1	—	—	—	—
		200	0.384	0.137	77.8	—	—	—	—

③随着温度升高，油相相对渗透率增加，水相相对渗透率降低。在高温作用下，储层润湿性一般由亲油向亲水、由弱亲水向强亲水方向转化。在稠油中胶质、沥青质以及金属离子等极性物质的含量丰富，低温状态时，这些物质易于附着在岩石表面，使储层岩石处于亲油状态，当温度升高时，沙粒表面的胶

质沥青质极性油膜被破坏，这些极性物质的吸附能力降低，岩石的润湿性向亲水方向转化，油相的渗透率增加，水相渗透率降低，束缚水饱和度增加。

第二节　产能评价方法

海上热采产能包括各吞吐周期的产油能力和注入能力。海上热采产能可以确定油田合理工作制度、生产规模，也是进行油藏数值模拟的基础，是油气田开发方案设计的重要工作之一。

一、产油能力

对于海上蒸汽吞吐和多元热流体吞吐来说，产油能力一般指各周期平均产油量。目前，海上热采产油能力评价方法主要包括测试资料分析法、类比分析法、油藏数值模拟法和公式计算法4种方法[23]。

（一）测试资料分析法

若目标区块评价井进行了热采测试，可根据热采测试生产层位的有效厚度、生产压差和日产油量数据，计算热采测试采油指数和米采油指数：

$$J_{\mathrm{oh}} = \frac{Q_{\mathrm{otest}}}{\Delta P_{\mathrm{test}}} \tag{3-11}$$

$$J_{\mathrm{omh}} = \frac{J_{\mathrm{oh}}}{h_{\mathrm{test}}} = \frac{Q_{\mathrm{otest}}}{\Delta P_{\mathrm{test}} \cdot h_{\mathrm{test}}} \tag{3-12}$$

式中　J_{oh}——测试层热采测试采油指数，$m^3/(d \cdot MPa)$；

Q_{otest}——油井测试日产油量，m^3/d；

ΔP_{test}——油井测试生产压差，MPa；

h_{test}——测试层有效厚度，m；

J_{omh}——测试层热采测试米采油指数，$m^3/(d \cdot MPa \cdot m)$。

如果某井某测试层有多个热采测试，去除异常后求平均值。

推荐测试法米采油指数通过下式计算：

$$J_{\mathrm{omhR}} = J_{\mathrm{omh}} \frac{\left(\ln \frac{r_{\mathrm{e}}}{r_{\mathrm{w}}} + S_{\mathrm{test}}\right)}{\left(\ln \frac{r_{\mathrm{e}}}{r_{\mathrm{w}}} + S\right)} \tag{3-13}$$

式中　J_{omhR}——推荐测试法米采油指数，$m^3/(d \cdot MPa \cdot m)$；

r_e——油井供液或折算供液半径，m；

r_w——油井半径，m；

S_{test}——测试表皮系数，小数；

S——推荐油井表皮系数，小数。

一般地，我们用已经计算得到的热采测试米采油指数，分别计算在表皮系数等于0、3、5时的米采油指数，根据情况选择其中某值为推荐值；如果油井进行的是合采测试，若要给每个砂体进行配产，需要计算配产段测井渗透率与测试段渗透率的比值，将推荐测试法米采油指数校正为配产米采油指数；如果合采生产，须把射开层段所有配产段采油指数相加，并考虑层间干扰进行校正。

确定了配产米采后，对该井区或油田内所有单井产量进行计算。

定向井热采初期产量计算公式为：

$$Q_o = J_{omhR} h \Delta p \frac{K_h \mu_{th}}{K_t \mu_{oh}} C_1 C_2 \tag{3-14}$$

式中　Q_o——吞吐井产油能力，m^3/d；

Δp——吞吐井第一周期设计生产压差，MPa，综合考虑海域特征、油藏类型、经济效益、钻采工艺等因素，并类比邻近已开发油田的生产实践，确定设计生产压差；

h——吞吐井有效厚度，m；

K_h——吞吐井渗透率，$10^{-3}\mu m^3$；

K_t——测试层渗透率，$10^{-3}\mu m^3$；

μ_{oh}——吞吐井蒸汽温度下原油黏度，$mPa \cdot s$；

μ_{th}——测试层蒸汽温度下原油黏度，$mPa \cdot s$；

C_1——测试时间校正系数，小数，根据测试时间、储层和流体特点，测试时间校正系数取不同的值；

C_2——层间干扰校正系数，小数，用单层测试米采油指数确定多层合采产能时，针对储层的非均质性、地层压力系数等因素综合研究确定，建议取0.5～0.9。

若目标区块评价井只进行了常规冷采测试，则常规冷采测试结果不能直接用来确定热采井的产能。在此种情况下，一般可类比地质油藏及开发特征相似的热采油田，调研同一区块热采与冷采产能倍数，确定热采井的产能。

$$Q_o = C_3 J_{oc} h \Delta p \frac{K_h \mu_t}{K_t \mu_o} C_1 C_2 \tag{3-15}$$

式中 J_{oc}——测试层冷采测试米采油指数，$m^3/(d \cdot MPa \cdot m)$；

C_3——相似的热采油田热采与冷采的产能倍数，小数。

分析旅大27-2油田和南堡35-2油田冷采井和热采井动态数据发现，热采产能约为冷采的2~3倍。

若热采测试采用多元热流体吞吐，则蒸汽吞吐的热采产能应考虑两种热采方式产能的差异，结合数值模拟结果进行转换。

若方案推荐水平井开发，建议水平井产量取同层位定向井产量2~5倍。

（二）类比分析法

（1）首轮次产能

根据油田地质油藏特征，筛选确定相似的已开发的热采油田，对比重要地质油藏参数及油田开发模式，主要包括油层厚度、渗透率、地层原油黏度等，寻找类比油田产量与地层系数关系，从而得到单井的首轮次产能。

海上南堡35-2油田、旅大27-2油田热采试验区生产情况可以作为类比的重要资料（见表3-5）。

表3-5 南堡35-2油田、旅大27-2油田热采试验区产能统计表

油田	沉积相	驱动类型	油藏埋深/m	油层有效厚度/m	孔隙度/%	渗透率/$10^{-3}\mu m^3$	地层原油黏度/mPa·s	水平井第一周期平均产能/(m^3/d)
旅大27-2	曲流河~三角洲	蒸汽吞吐	1300	10.1	34.4	3784	2300	40.1
南堡35-2南区	曲流河	多元热流体吞吐	935~1166	6.8	35.0	4245	700~1500	62.0

（2）不同吞吐轮次产能

根据类比油田不同轮次产能，确定产能递减率，结合目标油田首轮次产能，确定不同吞吐轮次产能。

①旅大27-2油田。统计旅大27-2油田A22H、A23H单井动态数据，如表3-6所示，可以发现，蒸汽吞吐热采井第一轮次平均日产油40.1m^3/d，第二轮

次平均日产油35.0m³/d，为第一周期的87.3%。

表3-6　旅大27-2油田1308砂体热采井动态数据统计表

井号	指标	日产油量/（m³/d）					累产油量/10⁴m³		目前含水/%	生产时间/d
		高峰	第300天	第1月平均	第1年平均	目前	第1年	截止目前		
A23H	一轮	91	24	76	44	23	1.32	2.43	3	926
	二轮	57	—	48	—	47	—	0.10	38	50
A22H	一轮	76	22	66	35	20	1.04	1.84	2	662
	二轮	59	—	49	35	30	—	1.03	13	310

②南堡35-2油田。统计第一和第二轮次热采井生产数据并汇总至表3-7，可以看出，热采井第一轮次平均初期日产油62.0m³/d；第二轮次平均初期日产油48.0m³/d，第二轮次产能较低，仅为第一轮次的77.0%；第三轮次平均初期日产油30.0m³/d，仅为第一轮次的48.0%。

表3-7　南堡35-2油田南区热采井动态数据汇总

井号	第一轮			第二轮			第三轮		
	日产油	累产油		日产油	累产油		日产油	累产油	
	第一个月/（m³/d）	第一年/m³	合计/m³	第一个月/（m³/d）	第一年/m³	合计/m³	第一个月/（m³/d）	第一年/m³	合计/m³
B27H1	24	—	1832						
B29H2	59	15750	20329	34	8937	16903	23	—	—
B30H1	53	14081	35255	—	—	—	—	—	—
B31H	63	16597	18788	62	15895	43882	—	—	—
B33H	69	18615	35531	59	15228	29388	28	—	185
B34H	77	24253	100469	—	—	—	—	—	—
B36M	62	21619	32546	41	9347	20364	30	6250	6250
B42H	58	12708	17447	—	—	256	—	—	—
B43H	47	10337	54002	—	—	—	—	—	—
B44H	69	14299	19772	46	12425	21137	32	8275	8275
平均值	62	16473	37127	48	12366	26335	30	—	

（三）油藏数值模拟法

数值模拟确定产油能力主要包括以下步骤：

（1）油藏数值模拟模型拟合

在建立的油藏数值模拟模型上进行DST或EDST拟合，拟合参数应包括产量、压力、气油比、含水率和采液指数。若进行热采测试，则进行热采测试拟合；若只进行冷采测试，则拟合冷采测试结果。

（2）模拟方案设定

设计井位和射开层位方案，设定生产控制条件，取设计生产压差，预设最大单井日产油量控制，设置推荐的表皮系数，计算步长不大于1个月，计算时间通常为1年。

（3）产量确定

分析模拟计算的采油指数、采液指数和日产油量随时间的变化关系，统计单井各轮次最大日产油量和平均日产油量；油田或区块3个月和1年平均单井日产油量、最小单井日产油和最大单井日产油量，确定不同类型油井的单井日产油量。

（四）公式法

吞吐初期产油能力预测一般采用Boberg-Lantz的预测计算方法，公式如下[24]。

$$Q_{\mathrm{o}} = \frac{0.1728\pi K_{\mathrm{h}} K_{\mathrm{ro}} h}{\mu_{\mathrm{oh}}\left[\ln \frac{r_{\mathrm{h}}}{r_{\mathrm{w}}} - \frac{1}{2}\left(\frac{r_{\mathrm{h}}}{r_{\mathrm{e}}}\right)^2\right] + \mu_{\mathrm{oc}}\left[\ln \frac{r_{\mathrm{e}}}{r_{\mathrm{h}}} - \frac{1}{2} + \frac{1}{2}\left(\frac{r_{\mathrm{h}}}{r_{\mathrm{e}}}\right)^2\right]}\Delta p \tag{3-16}$$

式中 K_{ro}——吞吐井油相相对渗透率，小数；

r_{h}——第一周期蒸汽加热半径，m；

μ_{oc}——吞吐井油藏温度原油黏度，mPa·s。

（五）产能综合确定

综合分析上述多种方法计算结果，在有合格测试资料的情况下，新油田以测试资料法为准确定油井初期产能；在没有合格测试资料的情况下，综合其他方法计算结果确定新油田油井的初期产能。产能确定工作流程图如图3-17所示。

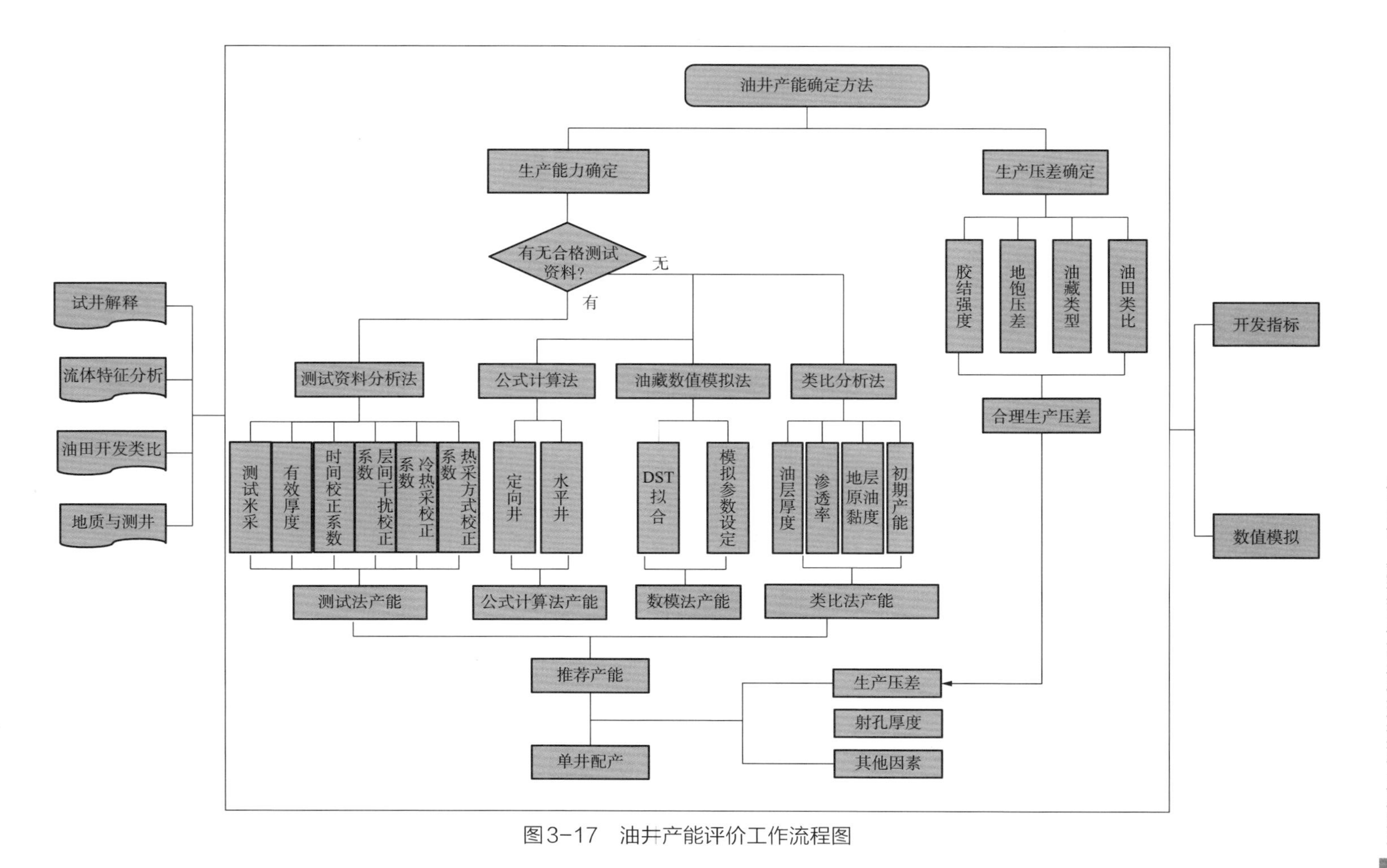

图3-17 油井产能评价工作流程图

二、注入能力

对于海上蒸汽吞吐和多元热流体吞吐来说，注入能力一般指各周期最大注入量。目前，海上热采注入能力评价方法主要包括测试资料分析法和类比分析法2种方法。

（一）测试资料分析法

（1）米吸汽指数的确定

若有热采注入能力测试资料，则根据测试资料计算米吸汽指数。

若无热采注入能力测试资料，则根据本层位米采油指数和油气流度比确定：

$$J_{smhR}=J_{omhR}\frac{K_{rw}(S_{or})}{\mu_w}\frac{\mu_{oh}}{K_{ro}(S_{oi})} \tag{3-17}$$

式中 J_{smhR}——推荐测试法米吸汽指数，$m^3/(d\cdot MPa\cdot m)$；

$K_{rw}(S_{or})$——残余油饱和度下的水相相对渗透率，无量纲；

$K_{ro}(S_{oi})$——初始含油饱和度下的油相相对渗透率，无量纲；

μ_w——地层水黏度，mPa·s。

（2）注入井注入量的确定

一般控制注入最高井底流压低于地层破裂压力的85%。由注热阶段最高井底流压和地层压力相减可以得到最大注入压差。

确定了最大注入压差、有效厚度和推荐米吸汽指数后，可按下式计算最大注入量：

$$Q_{w\max}=J_{smhR}\frac{K_h\mu_w}{K_t\mu_{oh}}h\Delta P_{wR}C \tag{3-18}$$

式中 Q_{wmax}——最大注汽量，m^3/d；

ΔP_{wR}——设计最大注入生产压差，MPa；

μ_w——生产层地层水黏度，mPa·s；

C——综合校正系数，小数。

（二）类比分析法

借用邻近相似油田注入能力，考虑厚度、渗透率等因素校正，类比确定注汽量。

（三）推荐注入能力及配注的确定

综合分析上述各种方法计算结果，确定推荐注入量。在有合格测试资料的情况下，以测试资料法为准确定油井初期注入量。注入能力确定工作流程图如图3-18所示。

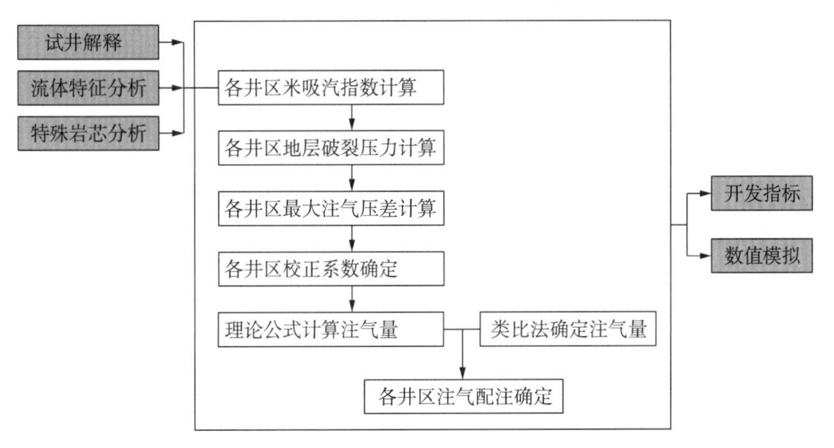

图3-18　注入能力评价工作流程图

第三节　采收率预测方法

采收率是油藏开发最重要的效果评价指标之一。吞吐采收率计算可分为动态法和静态法。前期研究阶段，由于没有动态数据，主要使用静态法预测。静态法分为公式法、类比法和油藏数值模拟法。在研究初期，应该以类比法和公式法为主，其中，当有相似度较高的类比油田时，应着重考虑类比分析法；研究中后期，在油藏各项参数较为明确，建立了可信度较高的数值模型之后，应以油藏数值模拟法为主。

一、经验公式法

（1）经验公式甲[25]

$$E_R = 0.2114 + 0.1795h_r - 0.000033D_e + 0.00028h + 0.001366\lg K - 0.03067\lg\mu_o \quad (3-19)$$

式中　E_R——蒸汽吞吐采收率，小数；

h_r——净总厚度比，小数；

D——油藏中部深度，m；

h_o——油藏有效厚度，m；

K——油层平均渗透率，$10^{-3}\mu m^3$；

μ_o——油藏温度脱气原油黏度，mPa·s。

公式的适用范围如表3-8所示。

表3-8　蒸汽吞吐经验公式甲参数使用范围

参数	净总比/f	油藏中部深度/m	平均有效厚度/m	空气渗透率/$10^{-3}\mu m^3$	地层原油黏度/mPa·s	井距/m
适用范围	0.30～0.74	170～1700	5～42	400～5000	500～50000	100～200

根据现场实践经验，陆地油田常用70～100m井距，与200m井距采收率相差较大。式（3-19）不考虑井距对采收率的影响，不能完全适用于海上较大井距的热采采收率预测。

（2）经验公式乙[25]

$$E_R = 0.031 + 0.193h_r + 0.183\phi + 0.0181\lg(K/\mu_o) \tag{3-20}$$

式中　ϕ——油藏平均孔隙度，小数。

公式的适用范围如表3-9所示。

表3-9　蒸汽吞吐经验公式乙参数使用范围

参数	净总比/f	孔隙度/f	空气渗透率/$10^{-3}\mu m^3$	地层原油黏度/mPa·s
适用范围	0.30～0.75	0.25～0.35	100～3000	500～50000

（3）赵洪岩公式[26]

$$E_R = \frac{1}{100}(31.609 - 0.0093h^2 + 0.4056h + 2.3554\ln K - 4.4808\ln\mu_o - 5.9643h_r^2 + 7.105h_r + 0.000005d^3 - 0.0023d^2 + 0.2598d) \tag{3-21}$$

式中　d——井距，m。

公式的适用范围如表3-10所示。

表3-10　赵洪岩蒸汽吞吐经验公式参数使用范围

参数	净总比/f	油藏埋深/m	空气渗透率/$10^{-3}\mu m^3$	50℃脱气油黏度/mPa・s	井距/m
适用范围	>0.20	600～1300	>200	500～50000	>70

关于经验公式法预测采收率，应注意以下事项：

①由于经验公式受到统计数量点的限制，均有一定的应用范围。因此，在使用过程中，应对照所评估油藏的基础参数是否在该公式的应用范围内。

②上述经验公式，均根据陆地油田实际数据统计回归所得，由于海上油田平台寿命有限、措施作业量等不及陆地油田，因此，一般经验公式计算值略高于海上油田的采收率。

③目前经验公式均为直井或定向井油田统计结果，对于水平井，依储层物性和水平井段长度不同对有关参数予以修正，一般考虑1口水平井相当于2口直井或定向井。

④分层系开发的油田，须先分层系计算采收率，再根据动用储量加权计算出油田采收率，不可笼统计算。

二、类比分析法

由于海上特殊的工程经济条件，海上油田热采应首先类比相似的海上油田情况。海上南堡35-2和旅大27-2热采试验概况可见第一章第二节。

类比陆上油田需考虑以下因素：

①油藏类型。不同的油藏类型热采开发效果差异较大，需关注的主要问题也不相同。

②开发方式。很多陆地典型热采油田先期采用蒸汽吞吐开发，后期逐步转蒸汽驱，在类比采收率过程中要注意其开发方式的转变。

③井网、井型。陆地油田热采一般采用逐次加密，类比采收率的过程中需注意其对应的井距。若井距与海上设计的目标油田不同，建议按照式（3-21）拟合和预测其不同井距下的采收率，作为海上油田的参考依据。

④热采周期。陆地油田吞吐周期较多，很多陆地油田热采可达12个周期以

上，海上受制于工程经济条件，吞吐周期数一般小于8个周期，类比过程中需注意。

关于类比分析法预测采收率，还应注意以下事项：

①类比法必须建立在地质条件相似、油藏开发方式可比的情况下，不一定追求区域上邻近；

②类比法往往只能确定油田采收率的大致范围。

三、数值模拟法

相比于类比法和经验公式法，数值模拟法考虑静态因素更为全面，并且能够考虑不同的生产控制条件。因此，在研究中后期，在具有较为精细的油藏数值模拟模拟之后，建议使用数值模拟法预测采收率。

海上油田前期研究阶段，由于实钻井资料较少且缺乏实际生产数据，地质油藏认识有限，数值模拟精度也受到一定限制。

四、采收率综合确定

综合分析经验公式法、类比分析法和油藏数值模拟法预测采收率，确定目标油田推荐采收率。

第四节　海上热采合理井距确定

陆地油田常采用蒸汽吞吐的加热半径来确定井距，根据其计算的结果，加热半径一般为35～40m，因此陆地油田常采用70～100m的井距正方形直井井网开发。海上特殊的技术经济条件决定了无法采用类似的密井网。统计表明，57%的海上特殊稠油属于I-2-B类别，其地下原油黏度为350～1000mPa·s，在原始状态下具有一定的流动能力，吞吐热采的过程中，在加热半径以外同样可以贡献产能，这就为海上大井距开发提供了理论基础。

加热半径之外的油藏由于原油黏度较高，属于非牛顿流体，存在启动压力梯度，而目前成熟的商业软件中不能很好地表征这种非牛顿流体特征，也就难以确定合理的开发井距。为此，研究人员基于渗流力学、传热学、物质平衡原理和室内实验参数，建立了海上油田动用半径计算模型，并基于海上油田参数绘制了水平井动用半径图，用以指导海上热采合理井距确定[27]。

模型假设如下：

①在注入阶段，由井筒向外依次分为潜热区、显热区和未加热区三个部分。在潜热区内，地层温度为饱和蒸汽温度；在显热区内，地层温度随半径的增加而线性降低；在未加热区内，地层温度为原始地层温度，如图3-19所示。

②在生产阶段，由井筒向外依次分为牛顿流体区、可动用的非牛顿流体区域和不可动用的非牛顿流体区三部分，如图3-20所示。可动用非牛顿流体区域内的渗流为宾汉流体的渗流特征。

③模型中各区域均考虑为圆形，忽略蒸汽超覆的影响。

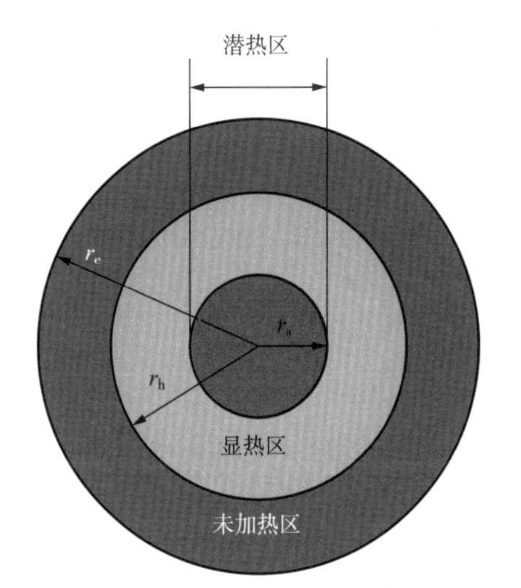

图3-19　注入阶段油藏温度横截面示意图

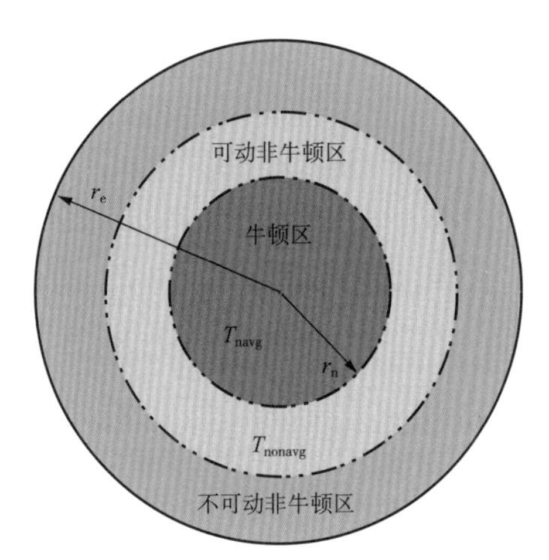

图3-20　生产阶段油藏温度横截面示意图

一、注汽阶段传热传质方程

根据上述对注入过程各区域的划分，加热过程可以分为热区未到达顶底盖层、显热区到达顶底盖层以及潜热区到达顶底盖层三个阶段，如图3-21所示。

（1）热区未到达顶底盖层

在热区到达顶底盖层之前，没有顶底盖层的热损失，能量守恒方程如下：

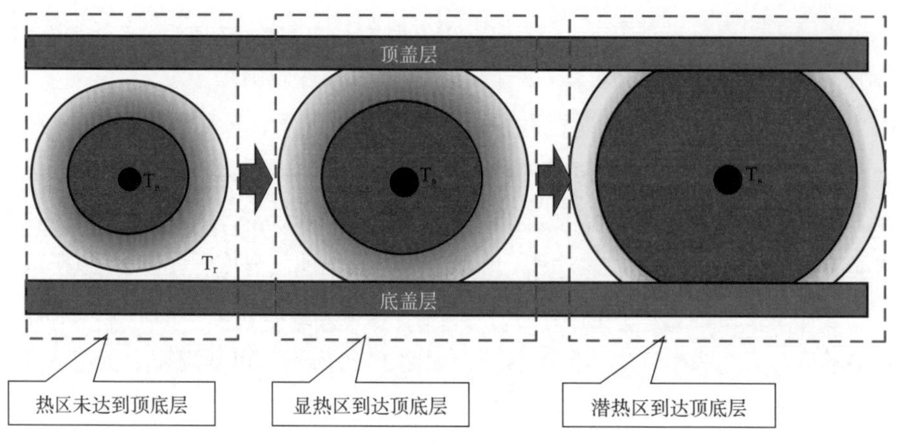

图3-21　注入阶段温度横截面分布示意图

$$i_s x h_s = M_r L_1 (T_s - T_r) \frac{dA}{dt} \tag{3-22}$$

式中　i_s——蒸汽的注入速率，kg/h；

x——蒸汽的干度，f；

h_s——饱和蒸汽焓，kcal/kg；

M_r——地层岩石的热容，kcal/（m^3·℃）；

L_1——水平井长度，m；

T_s——蒸汽温度，℃；

T_r——原始地层温度，℃；

A——加热区截面面积，m^2；

t——时间，d。

假设注入蒸汽时间为t_{inj}，积分式（3-22），可得：

$$i_s x h_s t_{inj} = M_r L_1 (T_s - T_r) \pi (r_s^2 - r_w^2) \tag{3-23}$$

潜热区的半径r_s为：

$$r_s = \sqrt{\frac{i_s x h_s t_{inj}}{\pi M_r L_1 (T_s - T_r)} + r_w^2} \tag{3-24}$$

式中　t_{inj}——注入蒸汽时间，d；

r_w——井筒的半径，m；

r_s——潜热区半径，m。

在显热区内，地层温度随着半径增加而线性下降，温度分布如式（3−25）所示：

$$T(r) = \frac{T_s - T_r}{r_s - r_h} r + \frac{T_r r_s - T_s r_h}{r_s - r_h} \quad (3-25)$$

式中　$T(r)$——显热区半径为r处的地层温度，℃；

r_h——显热区半径，m；

r——显热区某一点距井点的距离，m。

假设$a = \frac{T_s - T_r}{r_s - r_h}$，$b = \frac{T_r r_s - T_s r_h}{r_s - r_h}$，式（3−25）可以转换为：

$$T(r) = ar + b \quad (3-26)$$

在热区到达顶底盖层之前，该区域内的能量守恒方程为：

$$i_s [C_w (T_s - T_r)] = M_r L_1 [T(r) - T_r] 2\pi r \frac{dr}{dt} \quad (3-27)$$

式中　C_w——水的热容，Cal/（kg·℃）。

假设$A = \pi - \frac{2}{3}\pi M_r L r_s^2$，$B = \frac{2}{3}\pi M_r L r_s^2 + i_s C_w t_{inj}$，

对式（3 27）进行积分，可以得到

$$r_h = \frac{-A \cdot r_s + \sqrt{A^2 r_s^2 + 4AB}}{2A} \quad (3-28)$$

（2）热区到达顶底盖层

如果定义显热区到达顶底盖层的时间为第一临界时间t_{c1}，而定义潜热区到达顶底盖层的时间为第二临界时间t_{c2}，当显热区到达顶底盖层时，其半径为油藏厚度的一半，因此t_{c1}的表达式如式（3−29）所示：

$$t_{c1} = \frac{\pi M_r L_1 [(h + 4r_s)(h - 2r_s)]}{12 i_s C_w} \quad (3-29)$$

而当潜热区到达顶底盖层时，其半径同样为油藏厚度的一半，因此t_{c2}的表达式如式（3−30）所示：

$$t_{c2} = \frac{\pi M_r L_1 (T_s - T_r)\left(\frac{h^2}{4} - r_w^2\right)}{i_s x h_s} \quad (3-30)$$

式中　t_{c1}——显热区到达顶底盖层的时间，d；

t_{c2}——潜热区到达顶底盖层的时间，d；

h——油层厚度，m。

当$t_{c1} < t_{inj} < t_{c2}$时，意味着显热区已经到达顶底盖层，而潜热区没有到达顶底盖层，如图3-22所示。

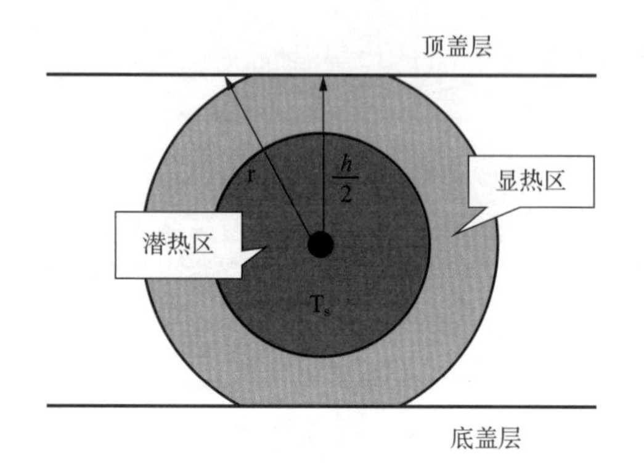

图3-22　显热区到达顶底盖层温度分布

此时，显热区已到达顶底盖层，显热区的能量守恒方程为：

$$i_s [C_w (T_s - T_r)] (t - t_{c1}) = M_r L_1 [T(r) - T_r] \frac{dB_1}{dt} + 2\int_{t_{c1}}^{t} \frac{\lambda_s [T(r) - T_r]}{\sqrt{\pi \alpha_s (t - t_{c1})}} \cdot \frac{dA_1}{d\delta} \cdot d\delta \tag{3-31}$$

式中　dA_1——顶底盖层的热损失区域面积，m^2；

dB_1——油藏显热区的横截面积，m^2；

λ_s——岩石的导热系数，kcal/（h·m^2）；

δ——加热面积扩展前缘对应的时间，s；

α_s——顶底盖层热扩散系数，kJ/（h·m^2）。

dA_1能够写成以下形式：

$$dA_1 = d\left(2\sqrt{r^2 - \frac{h^2}{4}} \cdot L_1\right) = \frac{2rL_1 \cdot dr}{\sqrt{r^2 - \frac{h^2}{4}}} \tag{3-32}$$

dB_1可以写成以下形式：

$$dB_1 = d\left[h\sqrt{r^2 - \frac{h^2}{4}} + r^2\left(\pi - 2\arccos\frac{h}{2r}\right)\right] = \left(2\pi r - 4r\arccos\frac{h}{2r}\right)dr \tag{3-33}$$

式（3-33）可以写为：

$$i_s[C_w(T_s-T_r)](t-t_{c1})=\int_{\frac{h}{2}}^{r_h}M_rL_1[T(r)-T_r]\left(2\pi r-4r\arccos\frac{h}{2r}\right)dr+$$
$$2\int_{t_{c1}}^{t}\frac{\lambda_s[T(r)-T_r]}{\sqrt{\pi\alpha_s(t-t_{c1})}}\cdot\frac{2rL_1}{\sqrt{r^2-\frac{h^2}{4}}}\cdot drdt \tag{3-34}$$

将式（3-34）的左边和右边分别积分，可以得到：

$$i_s[C_w(T_s-T_r)](t-t_{c1})=\frac{2}{3}\pi M_rL_1\frac{T_s-T_r}{r_s-r_h}\left(r_h^3-\frac{h^3}{8}\right)+$$
$$\frac{T_rr_h-T_sr_h}{r_s-r_h}\pi\left(r_h^2-\frac{h^2}{4}\right)+$$
$$2\left[\begin{array}{l}\frac{4\lambda L_1\sqrt{t-t_{c1}}}{\sqrt{\pi\alpha}}\frac{T_s-T_r}{r_s-r_h}\left(\frac{h^2}{8}\left|\frac{\ln\left(r_h+\sqrt{r_h^2-\frac{h^2}{4}}\right)}{\ln\frac{h}{2}}\right|+\frac{r}{2}\sqrt{r_h^2-\frac{h^2}{4}}\right)+\\ \frac{4\lambda L_1\sqrt{t-t_{c1}}}{\sqrt{\pi\alpha}}\cdot\frac{T_rr_h-T_sr_h}{r_s-r_h}\cdot\frac{1}{2}\sqrt{r_h^2-\frac{h^2}{4}}\end{array}\right]- \tag{3-35}$$
$$4M_rL_1\frac{T_s-T_r}{r_s-r_h}\int_{\frac{h}{2}}^{r_h}r^2\arccos\frac{h}{2r}dr-$$
$$\int_{\frac{h}{2}}^{r_h}M_rL_14r\arccos\frac{h}{2r}\frac{T_rr_h-T_sr_h}{r_s-r_h}rdr$$

在式（3-33）中，t_{c1}由式（3-34）可以得到。如果已知注入时间t_{inj}，式（3-35）中唯一的未知量为热区的半径r_h，该数值可以通过迭代计算得到。

如果$t_{inj}=t_{c1}$，表明潜热区刚刚到达顶底盖层。此时潜热区的半径$r_s=\frac{h}{2}$，因此同样根据式（3-35）可以得到热区半径r_h。

如果$t_{inj}>t_{c1}$，表明潜热区已经到达顶底盖层，如图3-23所示：

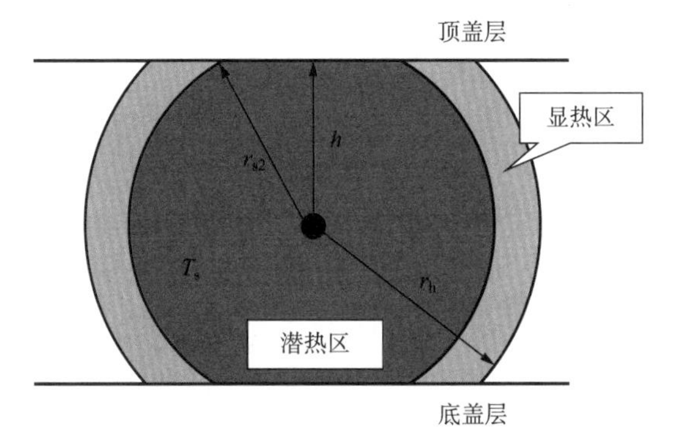

图3-23 潜热区到达顶底盖层温度分布

首先需要推导潜热区的半径，由能量守恒方程可以得到：

$$i_s[C_w(T_s-T_r)](t-t_{c2})=M_rL_1(T_s-T_r)\frac{dC}{dt}+2\int_{t_{c1}}^{t}\frac{\lambda_s(T_s-T_r)}{\sqrt{\pi\alpha_s(t-t_{c1})}}\cdot\frac{dD}{d\delta}\cdot d\delta \quad (3-36)$$

式中 dC——潜热区的的横截面积，m^2；

dD——顶底盖层散热面积，m^2。

图3-23中的红色区域代表潜热区域的横截面，其公式如下：

$$dC=d\left[2h\sqrt{r^2-h^2}+r^2\left(\pi-2\arccos\frac{h}{r}\right)\right]=\left(2\pi r-4r\arccos\frac{h}{r}\right)dr \quad (3-37)$$

而dD表达式如下：

$$dD=d\left[2\sqrt{r^2-h^2}\cdot L_1\right]=\frac{2rL_1\cdot dr}{\sqrt{r^2-h^2}} \quad (3-38)$$

将式（3-37）与式（3-38）代入式（3-33）中，可以得到能量守恒方程：

$$i_sxh_s(t_{inj2}-t_{c2})=M_rL_1(T_s-T_r)\left(2\pi r-4r\arccos\frac{h}{2r}\right)dr+2\int_{t_{c2}}^{t_{inj}}\int_{h}^{r_{s2}}\frac{\lambda_s(T_s-T_r)}{\sqrt{\pi\alpha_s(t-t_{c1})}}\cdot\frac{2rL_1}{\sqrt{r^2-h^2}}drdt \quad (3-39)$$

式（3-39）中的t_{c2}能够通过式（3-33）得到。如果已知t_{inj}，就可以得到唯一的未知量r_{s2}。利用Matlab编程，可以得到每个时间步Δt下的潜热区半径r_{s2}。

显热区的温度随半径增加而线性下降，因此能量守恒方程如下所示：

$$i_s[C_w(T_s-T_r)]=M_rL_1[T(r)-T_r]\frac{dB_2}{dt}+2\int_{t_{c1}}^{t}\frac{\lambda_s[T(r)-T_r]}{\sqrt{\pi\alpha_s(t-t_{c1})}}\cdot\frac{dA_2}{d\delta}\cdot d\delta \quad (3-40)$$

其中，A_2代表具有热损失的顶底盖层的面积，积分上下限为r_{h1}和r_{h2}。而B_2代表的是热区的横截面积，积分上下限也为r_{h1}和r_{h2}。

将式（3-40）中的dA_2展开：

$$dA_2=d\left[4\cdot\sqrt{r^2-\frac{h^2}{4}}\cdot L_1\right] \quad (3-41)$$

对式（3-41）进行变形，可以得到：

$$dA_2=4L_1\cdot\frac{rdr}{\sqrt{r^2-\frac{h^2}{4}}} \quad (3-42)$$

同理，对$\mathrm{d}B_2$进行同样的变化，可以得到：

$$\mathrm{d}B_2=\mathrm{d}\left[h\sqrt{r^2-\frac{h^2}{4}}+r^2\left(\pi-2\arccos\frac{h}{2r}\right)\right]=\left(2\pi r-4r\arcsin\frac{h}{2r}\right)\mathrm{d}r \quad (3-43)$$

将式（3-41）与式（3-42）代入式（3-40）中，可以得到：

$$i_s\left[C_w\left(T_s-T_r\right)\right]\left(t_{inj2}-t_{c2}\right)=\int_{r_{h1}}^{r_h}M_rL_1\left[T(r)-T_r\right]\left(2\pi r-4r\arccos\frac{h}{2r}\right)\mathrm{d}r+$$
$$8\int_{t_{c2}}^{t_{inj2}}\int_{r_{h1}}^{r_{h2}}\frac{\lambda_s\left[T(r)-T_r\right]}{\sqrt{\pi\alpha_s\left(t-t_{c1}\right)}}\cdot\left(\frac{r\mathrm{d}r}{\sqrt{r^2-\frac{h^2}{4}}}\right)\cdot\mathrm{d}t \quad (3-44)$$

对式（3-44）积分，可以得到：

$$i_s\left[C_w\left(T_s-T_r\right)\right]\left(t_{inj2}-t_{c2}\right)=\frac{2}{3}\pi M_rL_1\frac{T_s-T_r}{r_s-r_h}\left(r_h^3-r_{h1}^3\right)+\frac{T_rr_h-T_sr_h}{r_s-r_h}\pi\left(r_h^2-r_{h1}^2\right)+$$
$$2\left[\frac{4\lambda L_1\sqrt{t-t_{c1}}}{\sqrt{\pi\alpha}}\frac{T_s-T_r}{r_s-r_h}\left(\frac{h^2}{8}\left|\frac{\ln\left(r_h+\sqrt{r_h^2-\frac{h^2}{4}}\right)}{\ln h}\right|+\frac{r_h}{2}\sqrt{r_h^2-\frac{h^2}{4}}\right)+\frac{4\lambda L_1\sqrt{t-t_{c1}}}{\sqrt{\pi\alpha}}\cdot\frac{T_rr_h-T_sr_h}{r_s-r_h}\cdot\frac{1}{2}\sqrt{r_h^2-\frac{h^2}{4}}\right]- \quad (3-45)$$
$$\int_{r_{h1}}^{r_h}M_rL_14r^2\frac{T_s-T_r}{r_s-r_h}\cdot\arccos\frac{h}{2r}\mathrm{d}r-\int_{r_{h1}}^{r_h}M_rL_14r\frac{T_rr_h-T_sr_h}{r_s-r_h}\cdot\arccos\frac{h}{2r}\cdot\mathrm{d}r$$

利用变步长辛普森求积公式，可以得到每个时间步下的加热半径r_h。

二、焖井和生产阶段的渗流规律

（1）焖井阶段

在焖井阶段，热区被分为三部分：牛顿流体区、可动非牛顿流体区与不可动非牛顿流体区。其中，牛顿流体区与可动非牛顿流体区的半径分别为r_n与r_e，如图3-24所示。

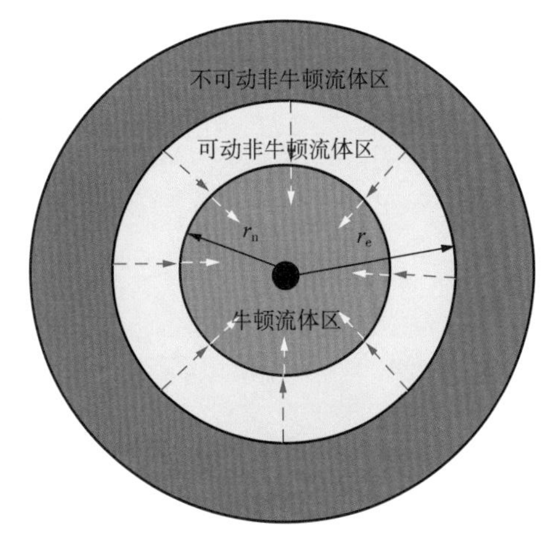

图3-24　焖井及生产阶段地层横截面区域分布

在热区到达顶底盖层之前，牛顿流体区的平均温度为：

$$T_{navg}=\frac{T_s r_s^2+\int_{r_s}^{r_n}T(r)\cdot 2r\mathrm{d}r}{r_{n1}^2} \tag{3-46}$$

式中　T_{navg}——牛顿流体区的平均温度，℃；

r_{n1}——热区到达顶底盖层之前牛顿流体区的半径，m；

r_n——牛顿流体区的半径，m。

利用温度的线性分布积分，式（3-45）能够转换为式（3-46）

$$T_{navg}=\frac{T_s r_s^2+\frac{2}{3}\cdot\frac{T_s-T_r}{r_s-r_h}\cdot(r_{n1}^3-r_s^3)+\frac{T_r r_s-T_s r_h}{r_s-r_h}(r_{n1}^2-r_s^2)}{r_{n1}^2} \tag{3-47}$$

而显热区到达顶底盖层之后，牛顿流体区的平均温度为：

$$T_{navg}=\frac{T_s\cdot\pi r_s^2+4\int_0^{\gamma}\int_{r_s}^{\frac{h}{2\cos\theta}}T(r)\,\mathrm{d}r\mathrm{d}\theta+4\int_{r_s}^{r_n}T(r)\arcsin\frac{h}{2r}r\mathrm{d}r}{(\pi-2\gamma)\,r_n^2+h\sqrt{r_n^2-\frac{h^2}{4}}} \tag{3-48}$$

式中　θ——水平井筒偏离垂向的角度，rad。

在式（3-48）中，γ是一个常数，其表达式如下所示：

$$\gamma=\arccos\frac{h}{2r_n} \tag{3-49}$$

在潜热区到达顶底盖层之后，牛顿流体区的平均温度为：

$$T_{navg1}=\frac{\begin{array}{c}T_s\cdot 4\int_0^{\beta}\int_{r_s}^{\frac{h}{2\cos\theta}}T_s\mathrm{d}r\mathrm{d}\theta+4\int_{r_w}^{r_s}T_s\cdot\arcsin\frac{h}{2r}r\mathrm{d}r\\ T_s4\int_{\beta}^{\gamma}\int_{r_s}^{\frac{h}{2\cos\theta}}T(r)\,\mathrm{d}r\mathrm{d}\theta+4\int_{r_s}^{r_n}T(r)\cdot\arcsin\frac{h}{2r}r\mathrm{d}r\end{array}}{(\pi-2\gamma)\,r_n^2+h\sqrt{r_n^2-\frac{h^2}{4}}} \tag{3-50}$$

其中$\beta=\arccos\dfrac{h}{2r_s}$

当蒸汽注入地层中，地层压力由于注入流体的累积及油藏岩石的高温膨胀而上升。因此，油藏压力为：

$$p_{e1}=p_e+\frac{G_i B_w}{1000\times NB_o C_e}+\frac{N_{on}(T_{navg}-T_i)\beta_e}{1000\times NC_e}+\frac{N_{onon}(T_{nonavg}-T_i)\beta_e}{1000\times NC_e} \tag{3-51}$$

式中　p_e——原始油藏压力，MPa；

N——油藏储量，m^3；

G_i——油藏注入蒸汽的体积，m^3；

C_e——地层岩石压缩系数，1/MPa；

B_w——水的体积系数，m^3/m^3；

B_o——原油的体积系数，m^3/m^3；

T_{nonavg}——非牛顿区的平均温度，℃；

β_e——地层热膨胀系数，1/℃；

N_{on}——牛顿流体区的储量，m^3；

N_{onon}——非牛顿流体区的储量，m^3。

（2）生产阶段

由之前的假设条件，注入蒸汽所冷凝成的热水仅仅分布在牛顿流体区。因此，牛顿流体区的含水饱和度为：

$$S_{w1} = S_w + \frac{24 i_s t_{inj}}{1000 \times \phi S_n L} \tag{3-52}$$

式中　S_{w1}——牛顿流体区的含水饱和度，f；

S_n——牛顿流体区的面积，m^3；

L——水平井段的长度，m；

ϕ——岩石孔隙度，f。

根据牛顿流体区的不同形状，当$r_n \leqslant \frac{h}{2}$，其面积$S_n$为：

$$S_n=\pi r_n^2 \tag{3-53}$$

当$r_n \geqslant \frac{h}{2}$时，其面积$S_n$为：

$$S_n = (\pi-2\gamma) r_n^2+h\sqrt{r_h^2 - \frac{h^2}{4}} \tag{3-54}$$

在生产阶段的初期，非等温渗流在整个过程中占有主导地位。整个过程应当考虑重力驱替，因此牛顿流体区的产油与产水速率分别为：

$$q_{no}^r = \frac{KK_{ro}}{\mu_{oh}} r \frac{\partial \Phi}{\partial r} \tag{3-55}$$

$$q_w^r = \frac{KK_{rw}}{\mu_w} r \frac{\partial \Phi}{\partial r} \tag{3-56}$$

结合式（3-55）与式（3-56），可得：

$$q_{no}^r+q_w^r = \left(\frac{KK_{ro}}{\mu_{oh}} + \frac{KK_{rw}}{\mu_w}\right) r \frac{\partial \Phi}{\partial r} \tag{3-57}$$

式中 q_{no}^{r}——牛顿流体区产油速率，$10^{-6}m^3/s$；

q_{w}^{r}——牛顿流体区产水速率，$10^{-6}m^3/s$；

μ_{oh}——牛顿流体区平均黏度，mPa·s；

μ_{w}——水的黏度，mPa·s；

K——地层渗透率，mD；

K_{ro}——油相相对渗透率，f；

K_{rw}——水相相对渗透率，f。

其中流体的势$\varPhi$可以表达为

$$\varPhi = p_n + \rho_l gh \tag{3-58}$$

其中 h——距参考点的垂直距离，m；

p_n——牛顿流体区与非牛顿流体区边界处的压力，MPa；

ρ_l——指液相的密度，kg/m^3。

对于径向流，可以得到液相的产量表达式：

$$q_{no}^{r}+q_{w}^{r} = \left(\frac{KK_{ro}}{\mu_{oh}} + \frac{KK_{rw}}{\mu_{w}}\right) r\frac{\partial p_n}{\partial r} + \left(\frac{KK_{ro}}{\mu_{oh}} + \frac{KK_{rw}}{\mu_{w}}\right)\rho_l gr\frac{\partial h}{\partial r} \tag{3-59}$$

对式（3-59）从$r=r_w$到$r=r_e$进行积分，可以得到：

$$q_{nl}^{r} = \frac{\left(\frac{KK_{ro}}{\mu_{oh}} + \frac{KK_{rw}}{\mu_{w}}\right)(p_n - p_{wf})}{\ln\frac{r_n}{r_w}} + \frac{\left(\frac{KK_{ro}}{\mu_{oh}} + \frac{KK_{rw}}{\mu_{w}}\right)\rho_l g\,(r_n - r_w)\sin\theta}{\ln\frac{r_n}{r_w}} \tag{3-60}$$

式中 q_{nl}^{r}——牛顿流体区产液速率，$10^{-6}m^3/s$；

p_{wf}——井底流压，MPa。

假设牛顿流体区的横截面为圆形，如图3-25所示。

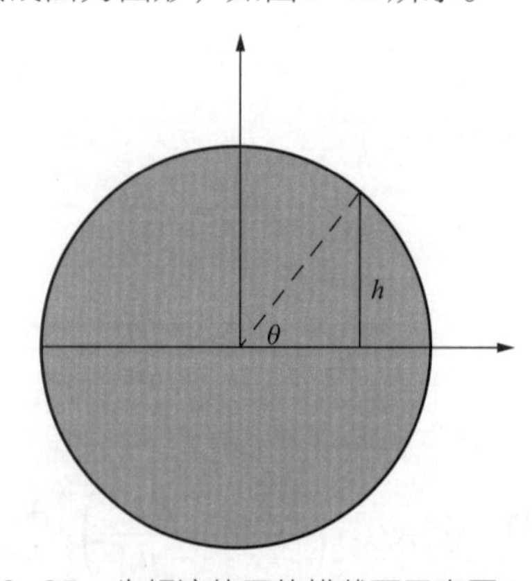

图3-25　牛顿流体区的横截面示意图

因此产液量为：

$$q_{\mathrm{nl}}=\int_0^{2\pi}q_1^{r}\mathrm{d}\theta=\int_0^{2\pi}\left[\frac{\left(\dfrac{KK_{\mathrm{ro}}}{\mu_{\mathrm{oh}}}+\dfrac{KK_{\mathrm{rw}}}{\mu_{\mathrm{w}}}\right)(p_{\mathrm{n}}-p_{\mathrm{wf}})}{\ln\dfrac{r_{\mathrm{n}}}{r_{\mathrm{w}}}}+\frac{\left(\dfrac{KK_{\mathrm{ro}}}{\mu_{\mathrm{oh}}}+\dfrac{KK_{\mathrm{rw}}}{\mu_{\mathrm{w}}}\right)\rho_1 g(r_{\mathrm{n}}-r_{\mathrm{w}})\sin\theta}{\ln\dfrac{r_{\mathrm{n}}}{r_{\mathrm{w}}}}\right]\mathrm{d}\theta \tag{3-61}$$

由于牛顿流体区边界的驱替压力是一个常量，因此当考虑重力驱替作用的时候，外边界的压力为：

$$p_{\mathrm{n}}=p_{\mathrm{m}}+\rho_1 g r_{\mathrm{n}}\sin\theta \tag{3-62}$$

其中重力项在$0<\theta<\pi$时是驱油的动力，在$\pi<\theta<2\pi$时是驱油的阻力。当联立式（3-60）与式（3-61）后，产液量为：

$$q_{\mathrm{nl}}=2\pi\frac{\left(\dfrac{KK_{\mathrm{ro}}}{\mu_{\mathrm{oh}}}+\dfrac{KK_{\mathrm{rw}}}{\mu_{\mathrm{w}}}\right)(p_{\mathrm{m}}-p_{\mathrm{wf}})}{\ln\dfrac{r_{\mathrm{n}}}{r_{\mathrm{w}}}} \tag{3-63}$$

由之前的假设条件，当考虑启动压力梯度，非牛顿流体区内产油速率为：

$$q_{\mathrm{nonl}}^{r}=\frac{K}{\mu_{\mathrm{oc}}}r\left(\frac{\mathrm{d}\Phi}{\mathrm{d}r}-\lambda\right) \tag{3-64}$$

式中　q_{nonl}^{r}——非牛顿区内产油速率，$10^{-6}\mathrm{m}^3/\mathrm{s}$；

μ_{oc}——非牛顿流体区原油的黏度，mPa·s；

λ——稠油的拟启动压力梯度，MPa/m。

根据室内实验结果，渤海特殊稠油油藏的拟启动压力梯度随着流度的升高而减小，具体符合图3-26。

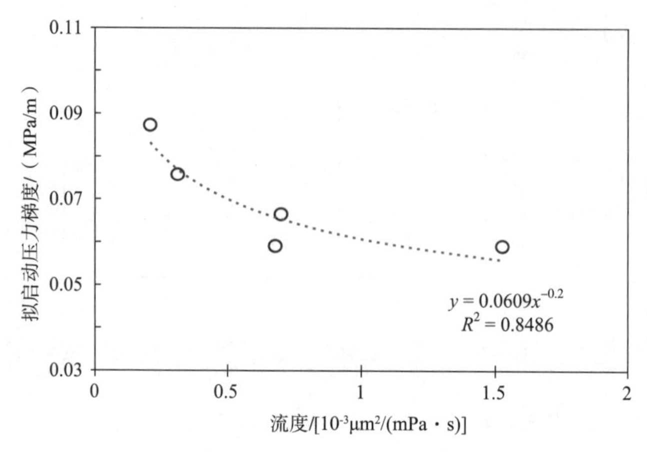

图3-26　渤海特殊稠油拟启动压力梯度随流度的变化规律

由此可以看出，该区域内的产液速率为：

$$q_{nonl}=2\pi\frac{\frac{K}{\mu_{oc}}\left[p_e-p_{rn}-\lambda\left(r_e-r_n\right)\right]}{\ln\frac{r_e}{r_n}} \tag{3-65}$$

式中　q_{nonl}——非牛顿区内产液速率，$10^{-6}m^3/s$。

由于在牛顿流体区与非牛顿流体区的边界处压力相同，流量相同，因此联立式（3-63）与式（3-64），可以得到：

$$p_{rn}=\frac{\frac{K}{\mu_{oc}}\left[p_e-\lambda\left(r_e-r_n\right)\right]+p_{wf}\left(\frac{KK_{ro}}{\mu_{oh}}+\frac{KK_{rw}}{\mu_w}\right)\frac{\ln\frac{r_e}{r_n}}{\ln\frac{r_n}{r_w}}}{\frac{\ln\frac{r_e}{r_n}}{\ln\frac{r_n}{r_w}}\left(\frac{KK_{ro}}{\mu_{oh}}+\frac{KK_{rw}}{\mu_w}\right)+\frac{K}{\mu_{oc}}} \tag{3-66}$$

产液量、产油量及产水量的表达式为：

$$q_l=2\pi\frac{\left(\frac{KK_{ro}}{\mu_{oh}}+\frac{KK_{rw}}{\mu_w}\right)\left\{\frac{\frac{K}{\mu_{oc}}\left[p_e-\lambda\left(r_e-r_n\right)\right]+p_{wf}\left(\frac{KK_{ro}}{\mu_{oh}}+\frac{KK_{rw}}{\mu_w}\right)\frac{\ln\frac{r_e}{r_n}}{\ln\frac{r_n}{r_w}}}{\frac{\ln\frac{r_e}{r_n}}{\ln\frac{r_n}{r_w}}\left(\frac{KK_{ro}}{\mu_{oh}}+\frac{KK_{rw}}{\mu_w}\right)+\frac{K}{\mu_{oc}}}-p_{wf}\right\}}{\ln\frac{r_n}{r_w}} \tag{3-67}$$

$$q_o = 2\pi \frac{\frac{KK_{ro}}{\mu_{oh}} \left\{ \frac{\frac{K}{\mu_{oc}}[p_e - \lambda(r_e - r_n)] + p_{wf}\left(\frac{KK_{ro}}{\mu_{oh}} + \frac{KK_{rw}}{\mu_w}\right)\frac{\ln\frac{r_e}{r_n}}{\ln\frac{r_n}{r_w}}}{\frac{\ln\frac{r_e}{r_n}}{\ln\frac{r_n}{r_w}}\left(\frac{KK_{ro}}{\mu_{oh}} + \frac{KK_{rw}}{\mu_w}\right) + \frac{K}{\mu_{oc}}} - p_{wf} \right\}}{\ln\frac{r_n}{r_w}} \tag{3-68}$$

$$q_w = 2\pi \frac{\frac{KK_{rw}}{\mu_w} \left\{ \frac{\frac{K}{\mu_{oc}}[p_e - \lambda(r_e - r_n)] + p_{wf}\left(\frac{KK_{ro}}{\mu_{oh}} + \frac{KK_{rw}}{\mu_w}\right)\frac{\ln\frac{r_e}{r_n}}{\ln\frac{r_n}{r_w}}}{\frac{\ln\frac{r_e}{r_n}}{\ln\frac{r_n}{r_w}}\left(\frac{KK_{ro}}{\mu_{oh}} + \frac{KK_{rw}}{\mu_w}\right) + \frac{K}{\mu_{oc}}} - p_{wf} \right\}}{\ln\frac{r_n}{r_w}} \tag{3-69}$$

上述产量均为单位长度的产量，因此L长度的水平井上的总产量为：

$$q_{lt} = 2\pi L \frac{\left(\frac{KK_{ro}}{\mu_{oh}} + \frac{KK_{rw}}{\mu_w}\right) \left\{ \frac{\frac{K}{\mu_{oc}}[p_e - \lambda(r_e - r_n)] + p_{wf}\left(\frac{KK_{ro}}{\mu_{oh}} + \frac{KK_{rw}}{\mu_w}\right)\frac{\ln\frac{r_e}{r_n}}{\ln\frac{r_n}{r_w}}}{\frac{\ln\frac{r_e}{r_n}}{\ln\frac{r_n}{r_w}}\left(\frac{KK_{ro}}{\mu_{oh}} + \frac{KK_{rw}}{\mu_w}\right) + \frac{K}{\mu_{oc}}} - p_{wf} \right\}}{\ln\frac{r_n}{r_w}} \tag{3-70}$$

$$q_{ot} = 2\pi L \frac{\frac{KK_{ro}}{\mu_{oh}} \left\{ \frac{\frac{K}{\mu_{oc}}[p_e - \lambda(r_e - r_n)] + p_{wf}\left(\frac{KK_{ro}}{\mu_{oh}} + \frac{KK_{rw}}{\mu_w}\right)\frac{\ln\frac{r_e}{r_n}}{\ln\frac{r_n}{r_w}}}{\frac{\ln\frac{r_e}{r_n}}{\ln\frac{r_n}{r_w}}\left(\frac{KK_{ro}}{\mu_{oh}} + \frac{KK_{rw}}{\mu_w}\right) + \frac{K}{\mu_{oc}}} - p_{wf} \right\}}{\ln\frac{r_n}{r_w}} \tag{3-71}$$

$$q_{wt}=2\pi L\frac{\frac{KK_{rw}}{\mu_w}\left\{\frac{\frac{K}{\mu_{oc}}[p_e-\lambda(r_e-r_n)]+p_{wf}\left(\frac{KK_{ro}}{\mu_{oh}}+\frac{KK_{rw}}{\mu_w}\right)\frac{\ln\frac{r_e}{r_n}}{\ln\frac{r_n}{r_w}}}{\frac{\ln\frac{r_e}{r_n}}{\ln\frac{r_n}{r_w}}\left(\frac{KK_{ro}}{\mu_{oh}}+\frac{KK_{rw}}{\mu_w}\right)+\frac{K}{\mu_{oc}}}-p_{wf}\right\}}{\ln\frac{r_n}{r_w}} \tag{3-72}$$

由于刚开始生产时，牛顿流体区的温度高，非牛顿流体区的温度低，因此上述非等温渗流方程能够较好地模拟和计算水平井蒸汽吞吐的产能。而随着生产的进行，上述假设条件的非等温渗流方程无法精确地计算水平井蒸汽吞吐的产能，需要对上式进行修正。Borisov[28]曾经推导了水平井的等温渗流公式：

$$q'_{lt}=\frac{\left(\frac{KK_{ro}}{\mu_{oh}B_o}+\frac{KK_{rw}}{\mu_w}\right)h\Delta p}{\ln\frac{4r_{eh}}{L}+\frac{h}{L}\ln\left(\frac{h}{2\pi r_w}\right)} \tag{3-73}$$

$$q'_{ot}=\frac{\frac{KK_{ro}}{\mu_{oh}B_o}h\Delta p}{\ln\frac{4r_{eh}}{L}+\frac{h}{L}\ln\left(\frac{h}{2\pi r_w}\right)} \tag{3-74}$$

$$q'_{wt}=\frac{\frac{KK_{rw}}{\mu_w}h\Delta p}{\ln\frac{4r_{eh}}{L}+\frac{h}{L}\ln\left(\frac{h}{2\pi r_w}\right)} \tag{3-75}$$

式中 q'_{lt}——等温渗流情况下的水平井产液速率，$10^{-6}m^3/s$；

q'_{ot}——等温渗流情况下的水平井产油速率，$10^{-6}m^3/s$；

q'_{wt}——等温渗流情况下的水平井产水速率，$10^{-6}m^3/s$。

在周期产油速率开始下降后，利用非等温渗流产量公式与等温渗流产量公式的加权平均计算产液量、产油量与产水量。利用温度差计算各项的加权权值，非等温渗流产量项所占的权重为：

$$n=\frac{T_{navg}-T_r}{T_{navg1}-T_r} \tag{3-76}$$

式中 T_{navg1}——生产第一天的牛顿流体区的温度，℃；

T_{navg}——生产过程中的牛顿流体区的温度，℃。

等温渗流产量项所占的权重为：

$$m = 1 - n \tag{3-77}$$

因此其产液量为

$$Q_{\rm lt} = n \cdot q_{\rm lt} + m \cdot q'_{\rm lt} \tag{3-78}$$

$$Q_{\rm ot} = n \cdot q_{\rm ot} + m \cdot q'_{\rm ot} \tag{3-79}$$

$$Q_{\rm wt} = n \cdot q_{\rm wt} + m \cdot q'_{\rm wt} \tag{3-80}$$

可以看到，当原油产量达到最高点之后，等温渗流开始起到重要的作用。越接近生产后期，等温渗流方程所占的权重越大，非等温渗流方程所占的权重越小。

Boberg-Lantz方法[29]中考虑采出液对各区域温度变化的损失，可以得到各区域的平均地层温度为：

$$T_{{\rm navg}(n)} = T_{\rm r} + (T_{{\rm navg}(n-1)} - T_{\rm r})[V_{\rm r}V_{\rm z}(1-\xi) - \xi] \tag{3-81}$$

式中　$T_{{\rm navg}\ (n)}$——牛顿流体区第n天的平均温度，℃；

$T_{{\rm navg}\ (n-1)}$——牛顿流体区第n-1天的平均温度，℃；

$V_{\rm r}$——径向热损失导致温度下降的百分数，%；

$V_{\rm z}$——垂向热损失导致温度下降的百分数，%；

ξ——生产带出热量的修正系数。

当热区还未到达顶底盖层，其参数为：

$$\xi = \frac{\int_0^t H_{\rm f2}{\rm d}t}{2\pi r_{\rm h}^2 L M_{\rm r}(T_{\rm h} - T_{\rm r})} \tag{3-82}$$

式中　$H_{\rm f2}$——日产液量中带出的焓值，J。

其中牛顿流体区第一天的平均温度为：

$$T_{{\rm navg}(1)} = \frac{T_{\rm s}\pi r_{\rm s}^2 + \int_{r_{\rm s}}^{r_{{\rm h}(1)}} T(r)\cdot 2\pi r{\rm d}r}{\pi r_{{\rm h}(1)}^2} \tag{3-83}$$

式中　$T_{\rm s}$——蒸汽注入温度，℃。

当热区到达顶底盖层后，各区域的平均地层温度如下所示；

$$T_{{\rm navg}(1)} = \frac{T_{\rm s}\pi r_{\rm s}^2 + \int_{r_{\rm s}}^{r_{{\rm h}(1)}} T(r)\cdot\left(2\pi - 4\arccos\frac{h}{2r_{\rm h}}\right)r{\rm d}r + 4\int_0^{\alpha}\int_{rs}^{\frac{h}{2\cos\theta}} T(r){\rm d}r{\rm d}\theta}{\pi r_{{\rm h}(1)}^2} \tag{3-84}$$

$$\xi = \frac{\int_0^t H_{f2}\mathrm{d}t}{2M_r(T_h - T_r)\left(\arccos\frac{h}{2r_h}\cdot r_h^2\cdot L + h\cdot\sqrt{r_h^2 - \frac{h^2}{4}}\right)} \tag{3-85}$$

式中 $T_{navg(n)}$——第n个时间步下牛顿流体区的平均温度，℃。

由于在生产过程中热损失一直持续发生，牛顿流体区内的温度不断下降，因此导致了该区域的半径一直下降。根据热平衡方程，可得：

$$M_r(T_{havg(n)} - T_{havg(n-1)})\pi r_{h(n-1)}^2 h = M_r(T'_{havg(n)} - T_{havg(n-1)})\pi r_{h(n)}^2 h \tag{3-86}$$

式中 $T_{navg(n-1)}$——第$n-1$个时间步下的牛顿流体区的平均温度，℃；

$T_{navg(1)}$——第一个时间步下的牛顿区平均温度，℃。

由地层温度随半径的增加而线性下降的假设，因此牛顿流体区的半径如下：

$$r_{h(n)} = \frac{T_{havg(n)}}{T_{havg(n-1)}}\cdot r_{h(n-1)} \tag{3-87}$$

$$p_{e(n)} = p_{e(n-1)} - \frac{Q_w B_w + Q_o B_o}{1000\times NB_o C_e} - \frac{N_{oh}(T_{havg(n-1)} - T_{havg(n)})\beta_e}{1000\times NC_e} \tag{3-88}$$

式中 Q_w、Q_o——每一个时间步下油和水的产量，m^3/d；

$P_{e(n)}$、$P_{e(n-1)}$——牛顿流体区第n天、（n–1）天的压力，MPa；

N——热区的原油储量，m^3；

C_e——综合压缩系数，MPa^{-1}。

三、求解方法

①输入蒸汽吞吐周期N_3与生产时间N_4。

②输入蒸汽参数、基本的岩石参数及稠油的物性参数，可以计算潜热区与显热区的半径。

③如果显热区的半径小于油藏厚度的一半，那么应当利用式（3–24）与式（3–28）对潜热区及显热区的半径进行计算；如果显热区的半径超过了油藏厚度的一半，但是潜热区的半径没有达到油藏厚度的一半时，应当利用式（3–35）计算显热区半径；如果潜热区半径大于油藏厚度的一半，则利用式（3–45）求解显热区半径。

④在焖井及生产阶段，如果牛顿流体区的边界没有达到顶底盖层，则牛顿流体区的平均温度由式（3–46）进行计算。如果显热区边界到达顶底盖

层，则如果潜热区的边界未达到顶底盖层而显热区的边界到达顶底盖层，利用式（3-48）计算牛顿流体区的温度。如果潜热区的边界到达顶底盖层，则利用式（3-50）计算牛顿流体区的温度。注入蒸汽后利用式（3-51）可以计算地层压力。

⑤在生产阶段，利用等温渗流假设计算产油量、产水量，如式（3-71）与式（3-72）所示。然后，利用式（3-48）对牛顿流体区的平均温度进行计算。最后利用式（3-51）对产油产水后的油藏压力进行计算。

⑥如果生产时间$n=N_4$，进行下一个蒸汽吞吐周期的计算，计算方法重复步骤③到⑤。

⑦如果蒸汽吞吐周期$m=N_3$，停止计算。

四、海上动用范围图版

基于上述理论模型，计算了不同吞吐轮次下的水平井开发稠油油藏动用半径，如图3-27，可见原油黏度在2000mPa·s左右的油藏，其第一周期动用范围为100～120m，第三周期为130～160m。开发方案设计阶段可以按照对应黏度和渗透率下的加热半径计算合理井距。

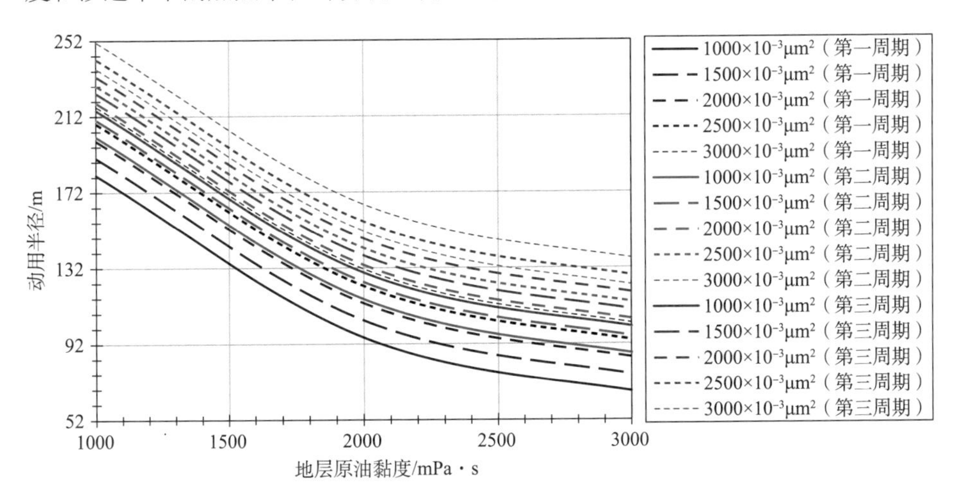

图3-27　渤海目标区水平井动用半径图

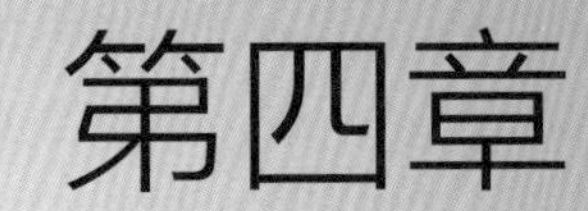

第四章 稠油热采数值模拟优化技术

数值模拟是海上油田开发方案编制中不可缺少的内容，主要进行注热参数优选、开发方案优化和开发指标预测。数值模拟预测的单井和油田的开发指标直接作为开发方案推荐指标。鉴于对海上稠油热采的特殊性及热采理论的新认识，需对常规数值模拟技术进行改进，提高海上稠油油田热采指标预测精度，形成精细数值模拟技术体系。通过对不同特殊稠油储量模式开发效果预测、经济门槛确定等工作，明确海上稠油热采技术经济界限，为海上油田开发储量筛选、开发方式选择等提供技术支持。

第一节　精细油藏数值模拟技术

一、变压缩系数模拟技术

（一）定压缩系数模拟存在问题

在热采吞吐过程中，近井区域地层压力与地层温度发生周期性循环变化，如图4-1所示，井筒附近的储层岩石及流体也随之发生周期性的压缩与膨胀，在温度场、压力场和应力场三场的作用下，岩石的压缩性质会发生动态变化，因此应采用一组随温度、压力变化的岩石孔隙压缩系数来精细模拟热采吞吐开发过程。

目前，在常规数值模拟方法中，孔隙压缩系数保持不变，且通常为原始地层压力下的孔隙压缩系数。因此常规数值模拟方法不仅未体现出岩石孔隙压缩系数的压力相关性，且无法描述孔隙压缩系数与温度的关系，从而导致稠油油藏热采吞吐与天然能量开发采收率差异小，温度、干度等关键因素敏感性差，如图4-2所示。

由第三章第一节中的“高温压缩系数分析”可知，孔隙压缩系数随净有效覆盖压力、孔隙度、温度的变化而变化，热采过程中孔隙压缩系数不同网格及随时间变化表征是提高稠油热系数值模拟精度的关键。

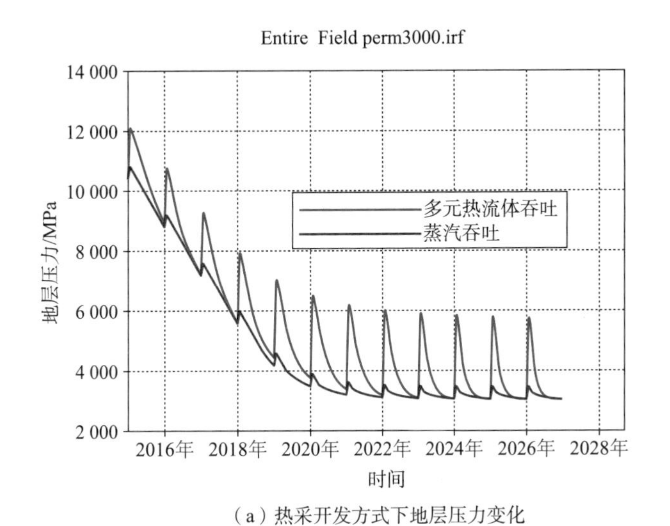

（a）热采开发方式下地层压力变化

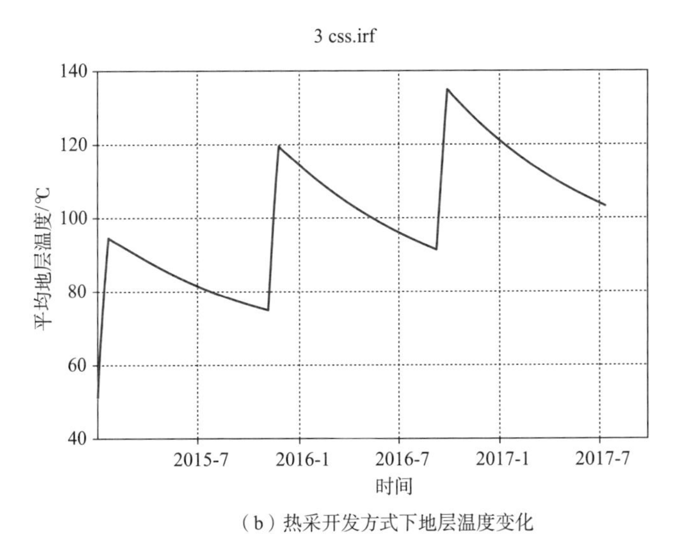

（b）热采开发方式下地层温度变化

图4-1 热采吞吐方式下压力、温度变化曲线

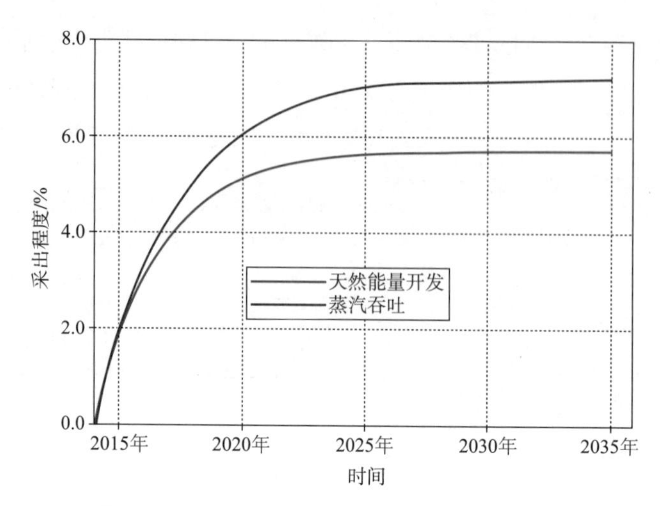

图4-2　定压缩系数时衰竭、吞吐效果对比图

（二）变压缩系数数值模拟方法

（1）模型建立

根据渤海某稠油油田地质油藏参数，应用CMG数值模拟软件STARS热采模块建立典型模型，模型岩石、流体、热物性参数及注采参数等如表4-1所示。

表4-1　模型基本参数表

参数	取值	参数	取值
网格数	51 × 31 × 50	地层原油黏度/mPa · s	90000
步长/m	10 × 10 × 1	孔隙度/f	0.30
地质储量/10^4m^3	160	含油饱和度/f	0.70
油藏深度/m	960	水平段长度/m	360
初始油藏温度/℃	50	注入介质	蒸汽
初始油藏压力/MPa	9.0	注入温度/℃	310℃
水平渗透率/$10^{-3}μm^2$	2000	井数/口	3口（2边井，1中心井）

（2）孔隙压缩系数压力相关性

孔隙压缩系数随着孔隙压力的减小（净有效覆压的增加）而逐渐减小，孔隙压缩系数随压力的变化关系需由室内实验测定得到。在CMG数值模拟软件STARS模块中，可以借助CPORPD关键词，通过输入不同测试压力下的压缩系数数值，实现孔隙压缩系数对压力的对应关系。需要注意的是，STARS中孔隙压缩系数定义时输入的参考压力为流体孔隙压力。CMG软件STARS模块内不同压力下的孔隙压缩系数计算过程如下（详见CMG关键字帮助文件）：

$$\begin{cases} \varphi_v=\varphi_{vr}*\exp[CPOR\cdot(P-PRPOPR)+CPORPD] \\ CPORPD=A*[D*(P-PRPOR)+\ln(B/C)] \\ A=(CPOR\_P2-CPOR)/D \\ B=1+\exp[D*(P_{av}-P)] \\ C=1+\exp[D*(P_{av}-PRPOR)] \\ D=10/(PPR1-PPR2) \\ P_{av}=(PPR1+PPR2)/2 \end{cases}$$

式中　φ_v——孔隙度；

φ_{vr}——参考孔隙度；

$PPR1$——参考压力$PPR1$，与$PRPOPR$含义数值一致，kPa；

$PPR2$——参考压力$PPR2$，kPa；

P_{av}——平均参考压力，kPa；

$CPOR$——参考压力$PPR1$下地层压缩系数，kPa^{-1}；

$CPOR\_P2$——参考压力$PPR2$下地层压缩系数，kPa^{-1}；

$CPORPD$——中间过程函数。

在实际数值模拟操作过程中，只需给出参考压力$PRPOR$及参考压力对应的孔隙压缩系数$CPOR$、孔隙压缩系数压力敏感特性参考压力上限值$PPR2$和下限值$PPR1$、参考压力上限值所对应的孔隙压缩系数$CPOR_P2$共5个数值，CMG数值模拟软件即可插值出不同流体压力下的孔隙压缩系数，即将孔隙压缩系数与净有效覆盖压力变化曲线赋值在数值模拟软件中。

由图4-3可知，当考虑孔隙压缩系数压力相关性后，在吞吐第一周期，由于蒸汽的注入使得储层流体压力高于原始地层压力，根据孔隙压缩系数与压力的变化关系可知，孔隙压缩系数应当增大。由于常规数值模拟仅输入原始地层压力下的孔隙压缩系数，因此考虑压缩系数压力相关性的数值模拟方法（以下简称新方法）模型中的岩石孔隙压缩系数高于常规数值模拟（以下简称传统方法）中的孔隙压缩系数。根据孔隙压缩系数与孔隙度之间的正向关系可知，此时新方法的孔隙度大于传统方法的孔隙度；反之，在第二周期及以后，储层流体压力低于原始地层压力，根据孔隙压缩系数与压力的变化关系可知，孔隙压缩系数应当减小。因此，新方法中的岩石孔隙压缩系数小于传统方法中的压缩系数，根据孔隙度与压缩系数的关系可知，此时的孔隙度小于传统方法的孔隙度，如图4-3（a）所示。由于考虑孔隙压缩系数压力相关性，使得新方法中第一周期模型中的孔隙度要高于传统方法中的孔隙度。根据孔隙度与渗透率之间的关系可知，新方法的模型渗透率值高于传统方法，其注入井的注入量也高于传统方法，如图4-3（b）所示。

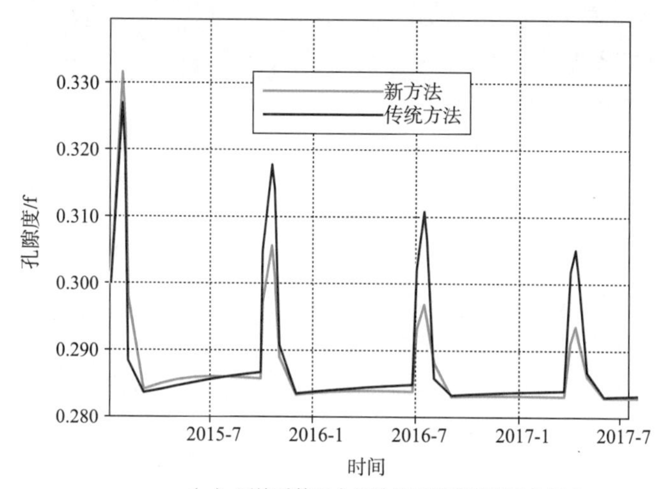

（a）压缩系数压力相关性对模型孔隙度的影响

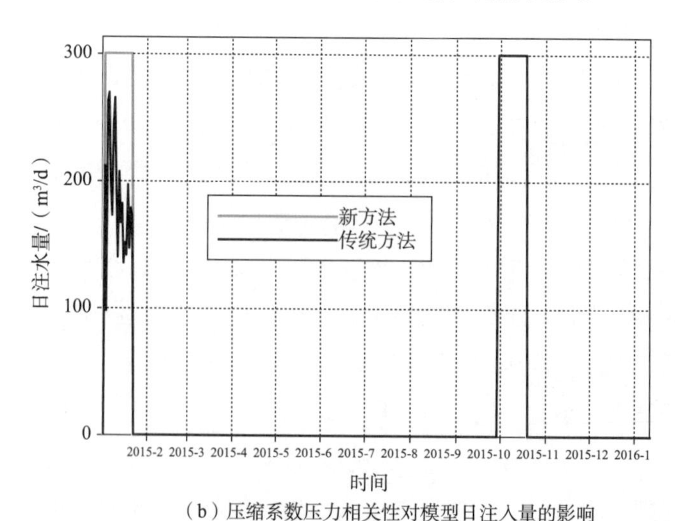

（b）压缩系数压力相关性对模型日注入量的影响

图4-3　考虑与未考虑岩石孔隙压缩系数压力相关性孔隙度与日注入量的对比

数值模拟结果表明，针对本典型模型，考虑孔隙压缩系数压力相关性前后模型采出程度分别为22.5%及20.9%，即新方法下的采出程度比传统方法低7.1%，如图4-4所示。

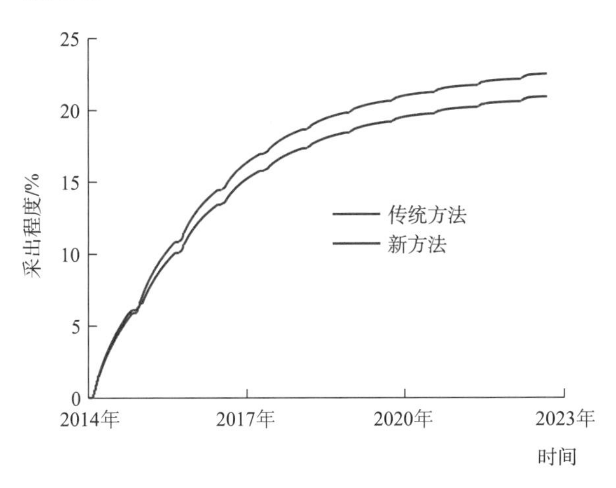

图4-4　压缩系数压力敏感特性对开发效果的影响

（3）岩石孔隙压缩系数孔隙度相关性

在CMG数值模拟软件中，不能直接根据岩石孔隙度的大小赋不同的孔隙压缩系数。为了实现压缩系数的孔隙度相关性，可使用CMG数值模拟软件中Builder模块的筛选、判断功能，即先根据室内实验结果，给出若干典型孔隙度值对应的孔隙压缩系数，并将其定义为不同的岩石类型（Rocktype），如图4-5所示；然后根据岩石类型的数量（或孔隙压缩系数的个数）将模型孔隙度按大小划分为若干区间，通过Builder模块的判断功能，将不同的孔隙压缩系数赋于不同典型孔隙度值接近的孔隙度区间，如图4-6所示。

```
ROCKTYPE 1
PRPOR 14580
CPOR 5E-07

*ROCKTYPE 2 copy 1
CPOR 1.25E-06

*ROCKTYPE 3 copy 1
CPOR 1.5E-06
```

图4-5　不同压缩系数岩石类型定义

```
IF （X0 <= 0.25） THEN （1）

ELSEIF （0.25 < X0 < 0.30） THEN （2）

ELSE （3）
```

图4-6　岩石类型赋值语句

数值模拟结果表明，针对本典型模型，考虑孔隙压缩系数孔隙度相关性前后模型采出程度分别为22.5%及25.9%，即新方法下的采出程度比传统方法高15.3%，如图4-7所示。

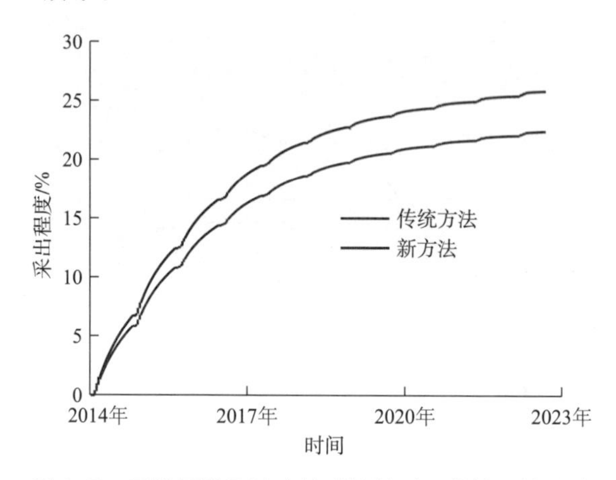

图4-7　压缩系数孔隙度敏感特性对开发效果的影响

（4）压缩系数温度、压力循环相关性

压缩系数的温度和压力循环相关性可通过CMG数值模拟软件Dilation/ Recompaction模型来实现。Dilation/ Recompaction模型即膨胀、再压实模型，如图4-8所示，主要描述了在蒸汽吞吐过程中岩石膨胀和再压实的主要特征：随着蒸汽的注入，地层压力从原始地层压力逐渐增大，岩石发生弹性变形。若孔隙压力继续增大，超过Pdila（膨胀开始的压力）时，孔隙度沿着不可逆的膨胀曲线（图4-8中的dilation部分）增大，直至孔隙压力开始下降。如果孔隙压力从膨胀曲线上的某一点开始下降，孔隙度就沿着弹性压实曲线（图4-8中的Elastic Compaction部分）减小。当孔隙压力进一步降低至再压实临界压力ppact时，岩石发生再压实现象，孔隙度进一步降低。当孔隙压力从再压实曲线上某一点开始增加时，就开始另一轮类似的膨胀/再压实的循环。在每一次循环的过程中，孔隙度随着孔隙压力的升高和降低而增加与减小。由于孔隙压缩系数与孔隙度具有较好的对应关系，因此通过此模型的孔隙度变化过程可有效地体现孔隙压缩系数的压力相关性。

对于孔隙压缩系数的温度相关性，主要是通过Dilation/ Recompaction模型中的膨胀曲线孔隙体积热膨胀系数ctd及再压实曲线孔隙体积热膨胀系数ctppac来体现（详见CMG关键字帮助文件）。

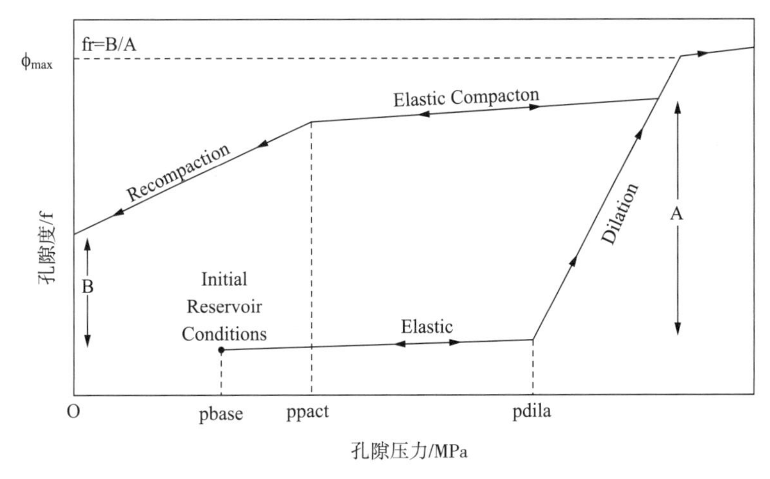

图4-8 蒸汽吞吐过程中Dilation/Recompaction模型示意图

由Dilation/ Recompaction模型可知，在整个膨胀和再压实的过程中，孔隙度始终是大于原始地层条件下的孔隙度，因此Dilation/ Recompaction模型（考虑孔隙压缩系数温度和压力循环相关性）的孔隙度高于传统方法中的孔隙度值，如图4-9（a）所示。由于孔隙度的增加，并根据孔隙度与渗透率之间的关系可知，Dilation/ Recompaction模型渗透率值高于传统方法，其注入井的注入压力也低于传统方法，如图4-9（b）所示。

数值模拟结果表明，使用Dilation/ Recompaction模型前后，针对本典型模型采出程度分别为22.5%及24.5%，即新方法下的采出程度比传统方法高9.1%，如图4-10所示。

（5）应用效果分析

考虑孔隙压缩系数的压力、温度、孔隙度相关性的数值模拟新技术在海上稠油油田前期研究开发方案编制中应用效果较好。以秦皇岛A稠油油田多元热流体吞吐注入温度优化为例，当使用恒定孔隙压缩系数时，注入流体温度从50℃升高至300℃时采收率仅增加1.3%，温度对开发效果的影响较小，如图4-11所示；当采用变压缩系数时，注入流体温度从50℃升高至300℃时采收率增加9.8%，开发效果温度敏感性较强，与南堡35-2油田热采试验区认识较为一致，如图4-12所示。

此外，新的数值模拟技术还大大提高了热采数值模拟历史拟合精度。以南堡35-2油田多元热流体吞吐历史拟合为例，在基础模型中，A1H井实际井底流

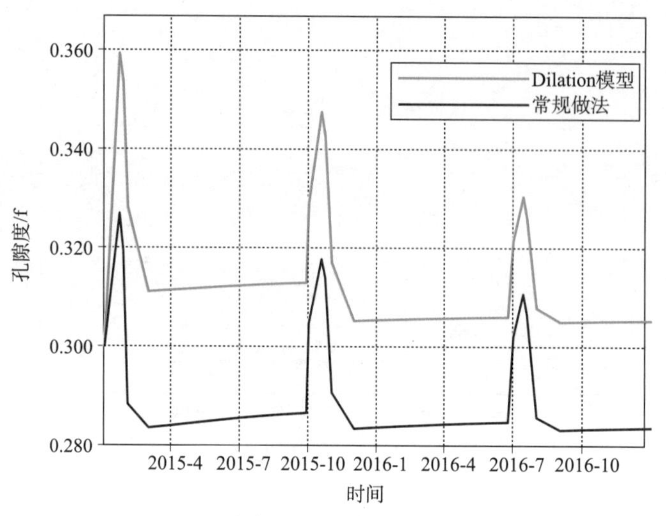

（a）两种方法模型孔隙度对比图

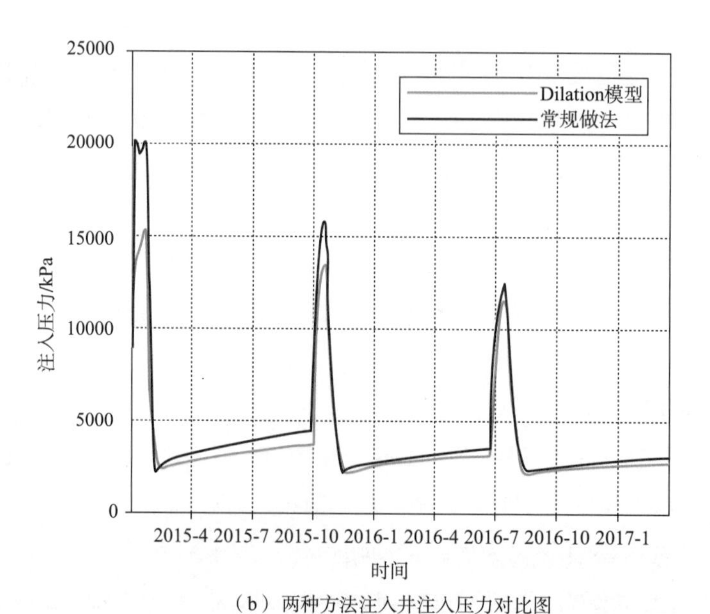

（b）两种方法注入井注入压力对比图

图4-9　考虑与未考虑岩石孔隙压缩系数温度、压力循环相关性孔隙度与注入压力对比图

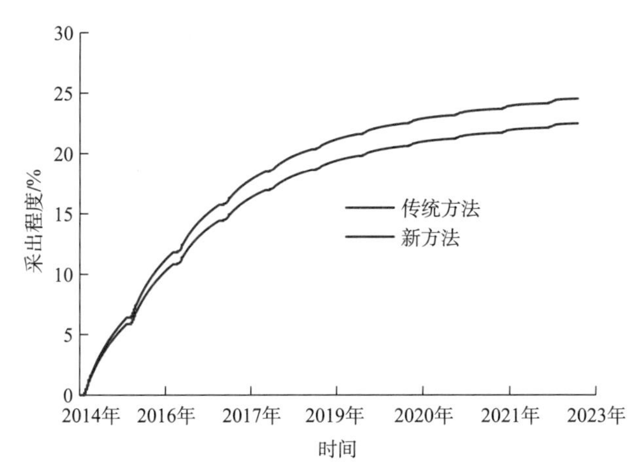

图4-10　岩石孔隙压缩系数温度、压力循环相关性对开发效果的影响

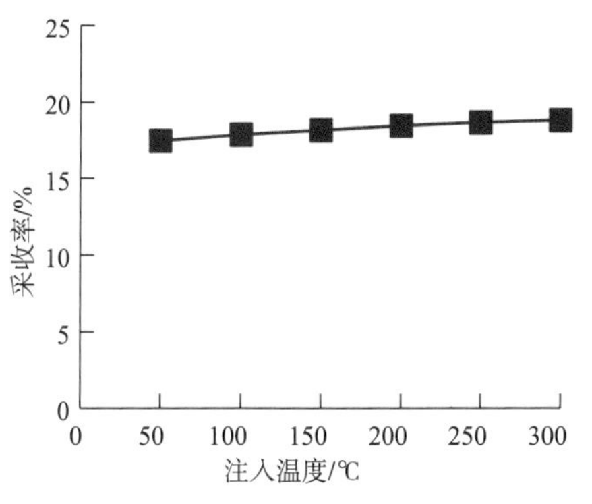

图4-11　定压缩系数时注入温度与采收率关系曲线

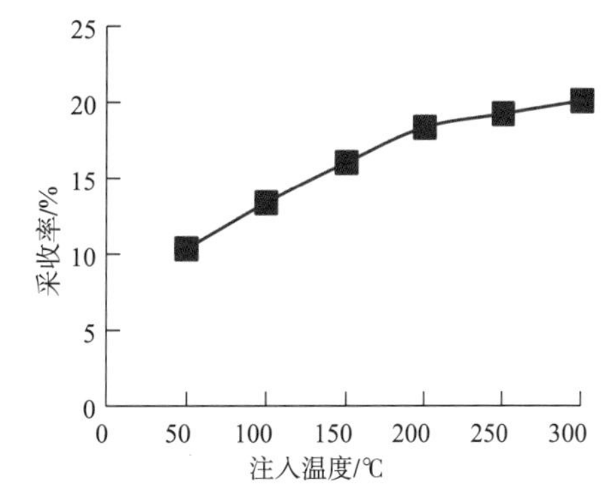

图4-12　变压缩系数时注入温度与采收率关系曲线

压和日产液均低于数值模拟结果，调整井区附近渗透率、相渗曲线等均不能达到较好的拟合效果，如图4-13所示。而采用变孔隙压缩系数数值模拟技术，在定油生产的情况下，流压、日产液等参数均取得了较好的拟合效果，如图4-13及图4-14所示。

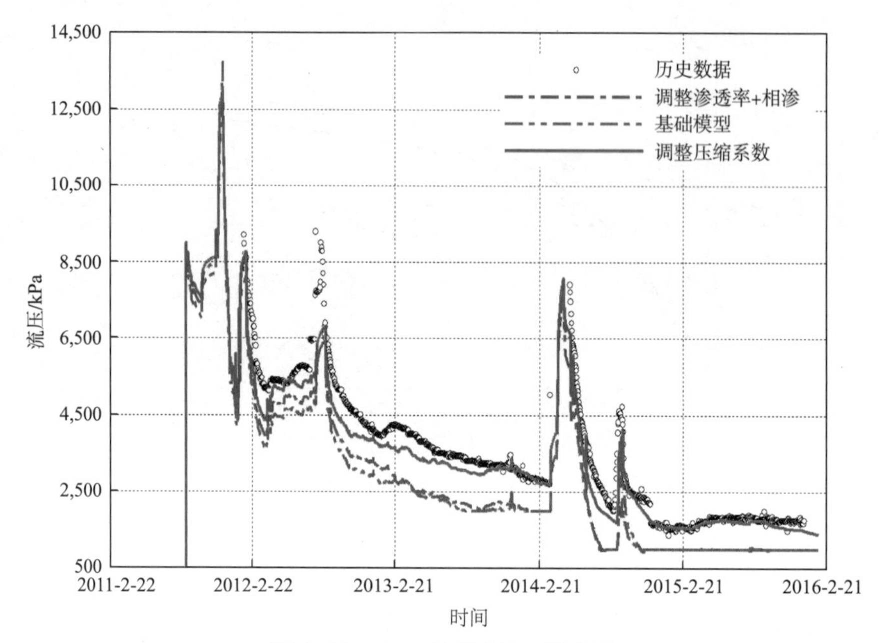

图4-13　A1H井井底流压拟合图

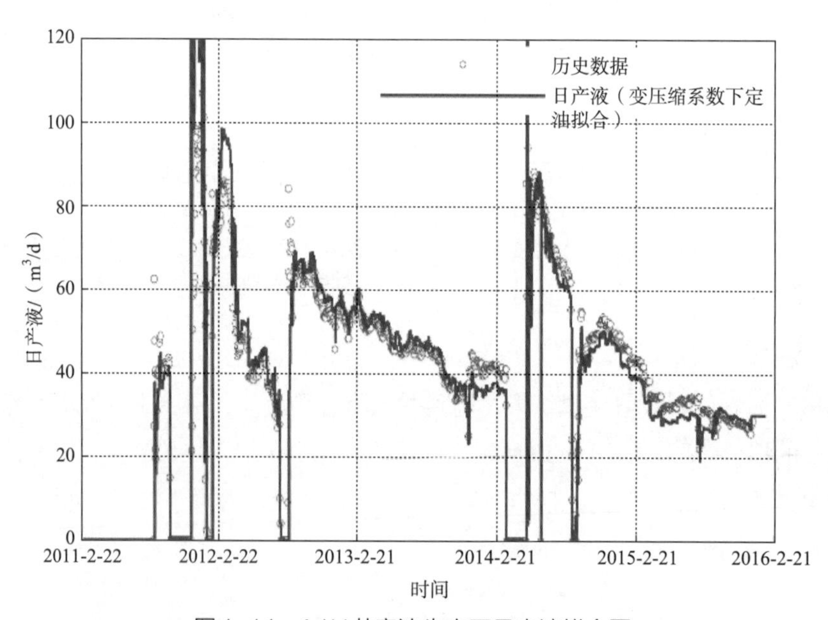

图4-14　A1H井定油生产下日产液拟合图

二、特、超稠油启动压力梯度等效实现技术

特、超稠油开发存在较大的启动压力梯度，海上开发冷采测试无产能。例如旅大C油田地下原油黏度为15000mPa·s左右，在3口井的多次冷采测试过程中均未能获得自然产能。2013年实施多元热流体吞吐测试，最高日产油量为40m^3/d，但该油田在产能测试数值模拟历史拟合过程中，在未注入热量情况下冷采产能为37m^3/d，模拟结果与实际情况不符。

分析认为，由于旅大C油田属于强底水油藏（水体倍数大于30倍），在传统数值模拟过程中将原油视为牛顿流体处理，未考虑非牛顿流体造成的启动压力梯度，底水与井筒之间的压差促使原油流向井筒。实际情况则是由于生产压差不足以克服启动压力，导致在冷采测试时无原油产出。

通过对旅大C油田油藏温度下油水相渗曲线测定实验条件的研究，发现若按照稠油相渗实验行业标准开展实验，为避免末端效应，实验驱替速度应大于1.16cm^3/min，对应的加载到7.15cm岩芯上的两端压差应不小于24.3MPa。该压差已突破了启动压力梯度，原油可以流动；而在实际油藏中，难以产生如此大的驱替压差，因此该相渗曲线的实验条件与油藏真实条件存在较大差异，需要进行修正与调整，以近似表征低温下启动压力梯度对生产的影响。

中国石油勘探开发研究院曾经统计了不同油水流度比下残余油饱和度的变化规律[30]，如图4-15所示。结果表明随着油水黏度比的增大，残余油饱和度逐渐升高。根据回归公式计算，旅大C油田残余油饱和度约为80.0%，而该油田测井解释的初始含油饱和度为61.8%。可以将油藏原始条件下的含油饱和度理解为残余油饱和度，即在油藏初始条件下原油为固体，不具有流动性。具体做法是通过设置初始含油饱和度等于残余油饱和度，来限制初始温度下的原油流动，达到与实际测试相吻合的效果。

具体操作过程如下：①提高初始温度下的残余油饱和度S_{or}，使（$1-S_{or}$）等于测井解释的初始含油饱和度；②由于CMG数值模拟软件要求至少有5%的两相区，需在原基础上将束缚水饱和度降低5%；③采用枚举法，将油区的含油饱和度赋为测井解释的初始含油饱和度；④降低初始温度下残余油饱和度对应的水相相对渗透率，保证模型中冷采测试既不产油也不产水，与实际测试情况保持一致；⑤其他温度下的相渗端点值保持室内实验值不变。

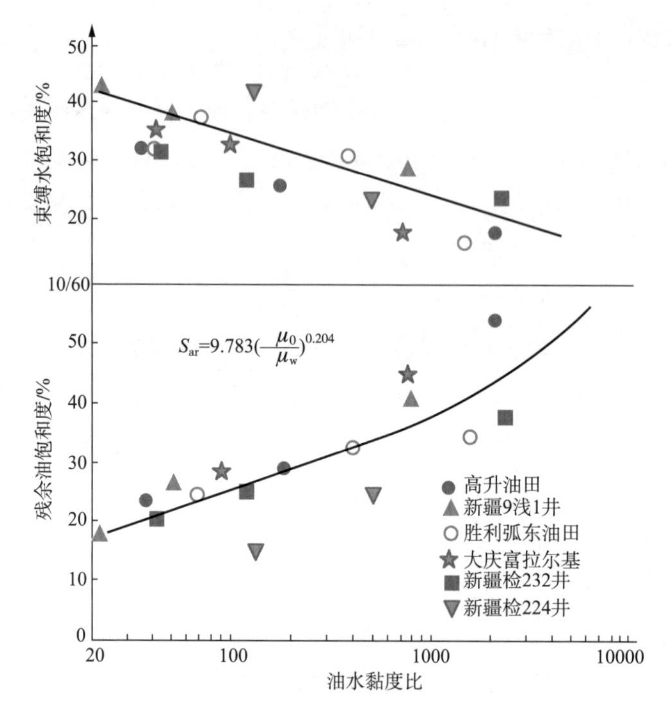

图4-15　油水黏度比对水驱油端点饱和度的影响

通过稠油启动压力梯度等效实现技术，成功实现了旅大C油田冷采无产能，热采开发效果较符合客观认识，提高了模型预测精度（见图4-16）。

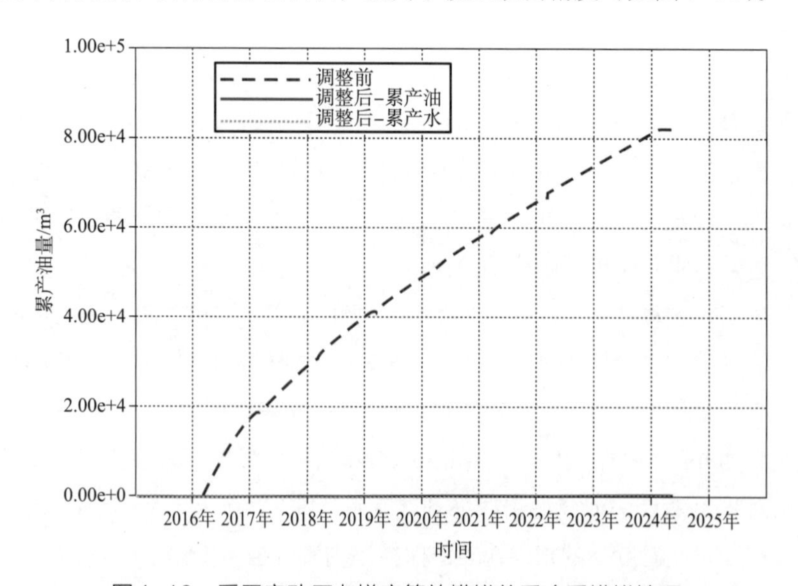

图4-16　采用启动压力梯度等效模拟前后冷采模拟情况

在2015年第三届CMG中国数值模拟技术交流会上，笔者向CMG公司专家组及中国用户代表汇报了以上研究成果，得到了CMG高层专家组的支持，并在2016.10版本STARS中正式增加了启动压力梯度选项（PTHRESH关键字，详见CMG关键字帮助文件）。

第二节 敏感性分析及参数优化技术

一、敏感性分析

在方案设计中，我们需要对影响油田开发效果的地质油藏参数不确定性进行单因素分析（敏感性分析），分析预测不确定因素对开发效果的影响程度。不确定因素需根据具体油藏情况确定，主要包括如下内容：

①渗透率大小；

②垂直渗透率与水平渗透率比值；

③水体大小；

④隔夹层分布；

⑤流体性质，如气油比和地层原油黏度等；

⑥相渗曲线，如残余油饱和度、水相最大相对渗透率及油相指数、水相指数等。

以渤海秦皇岛A稠油油田为例，经研究认为垂向渗透率存在不确定性，因此需针对渗透率开展敏感性分析，分析其敏感程度。分别设计了K_v/K_h为0.05、0.1和0.5三个方案，其热采阶段采出程度分别为21.9%、21.5%和19.3%，热采阶段累产油分别为$11.5 \times 10^4 m^3$、$11.3 \times 10^4 m^3$和$10.1 \times 10^4 m^3$，如表4-2所示。随着垂向渗透率增大，注入热流体超覆现象加重，开发效果变差，考虑到渤海海域明化镇组储层较浅，岩石压实作用较弱，结合地质研究认识，推荐方案的K_v/K_h取值0.1。

表4-2 秦皇岛A稠油油田热采吞吐开发敏感性分析

方案描述/（k_v/k_h）	油井/口	动用储量/10^4m^3	生产年限	累产油/10^4m^3	高峰产油/10^4m^3	初期采油速度/%	采收率/%	单井初期日产/（m^3/d）	单井平均累产/10^4m^3
0.5	1	52.4	8	10.1	2.6	5.0	19.3	83.8	10.1
0.1	1	52.4	8	11.3	2.6	5.0	21.5	83.8	11.3
0.05	1	52.4	8	11.5	2.5	4.8	21.9	80.6	11.5

二、参数优化

热采吞吐开发需要对影响油田开发效果的开发策略进行优化分析，根据研究结果优选确定参数。

（1）开发方式优化

目前海上已分别在南堡35-2油田、旅大27-2油田实施了多元热流体吞吐试验及蒸汽吞吐试验，如何快速选择吞吐方式是热采开发面临的一个重要问题。

蒸汽吞吐注入温度较多元热流体吞吐高，因此蒸汽吞吐热焓值高，其近井附近加热降黏效果好于多元热流体；而多元热流体吞吐由于注入大量的CO_2和N_2等非凝析气体，具有较好的增能保压及扩大热波及体积等作用。为了明确两种吞吐开发方式的适应性，笔者建立了3种油藏类型、多种油藏厚度及原油黏度下的机理模型。比较另外两种开发方式的效果，并结合工程模式、油价等因素，笔者得到了两种开发方式的经济界限，可作为海上稠油热采开发方式选择的依据，详细成果见第四章第三节。

（2）井距、井数优化

为确定最优井距，在实际油藏模型基础上，开展井距优化研究。针对渤海旅大L油田边水油藏分别设计100m、150m和200m三个方案。从模拟结果来看，随着热采井距的增加，全区累产油量呈减小趋势，单井平均累产油量呈增大趋势。综合考虑全区累产油量和单井平均累产油量，推荐蒸汽吞吐开发井距150m，优化结果如表4-3所示。

在实际油藏模型基础上，开展井数优化研究。针对N_1g Ⅳ油组边水油藏分别设计一次投产19口、18口和16口井三个方案，从模拟结果来看，随着热采井数的增加，累产油量呈增大趋势，单井平均累产油量呈减小趋势。综合考虑区块累产油量及单井平均累产油量，推荐18口井的蒸汽吞吐开发方案。

表4-3　旅大L油田边水油藏井距、井数优化

方案描述		油井/口	储量/10^4m^3	生产年限/年	累产油/10^4m^3	综合含水/%	高峰产油/10^4m^3	初期采油速度/%	采出程度/%	单井平均累产/10^4m^3
井距	100m	24	981.6	17	188.2	58.6	20.5	1.9	19.2	7.8
	150m	18	981.6	17	163.4	55.6	19.7	1.8	16.6	9.1
	200m	16	981.6	17	154.3	52.8	21.8	2.0	15.7	9.6
井数	19口	19	981.6	17	175.8	77.9	32.2	2.8	17.9	9.3
	18口	18	981.6	17	172.4	76.0	31.8	2.5	17.6	9.6
	16口	16	942.0	17	153.7	74.3	24.3	2.0	16.3	9.6

（3）注热参数优化

注热参数是影响热采吞吐开发效果的主要因素，研究注热参数的影响规律，优选最佳注热参数，对于稠油油藏高效开发至关重要。注热参数优化主要利用油藏数值模拟技术，热采吞吐开发优化参数主要包括注入温度、周期注入量、注入速度、焖井时间、周期长度和组合注汽方式，通过对比不同参数下热采开发效果，确定最优参数组合。详细的优化过程参见第五章中3个典型区块的优化。

第三节　海上经济条件下稠油热采关键参数优化技术

海上稠油热采方案设计包括技术和经济两方面内容[31]，涉及油藏、钻采、工程、经济多专业。针对目前已较为成熟的多元热流体吞吐和蒸汽吞吐两种热采方式，采用油藏数值模拟方法，通过合理的开发效果预测、经济门槛确定等工作，明确能够经济热采开发的海上特殊稠油储量特征，为海上稠油热采储量的筛选、潜力预测、开发方式的优选、渤海稠油热采技术潜力分析等提供支撑。

一、海上特殊稠油储量模式分类

通过对渤海共4个典型特殊稠油油田近2.00×10^8t的石油储量进行特征分析，将其分为单砂体纯油区型、底水/过渡带型及多砂体组合型三种模式，如

（a）单砂体纯油区型

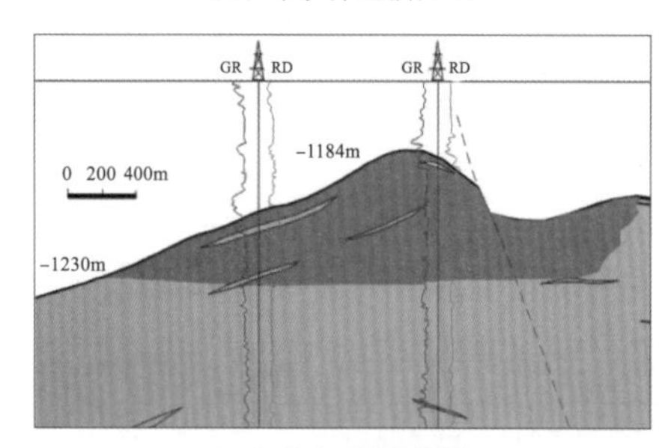

（b）底水/过渡带型

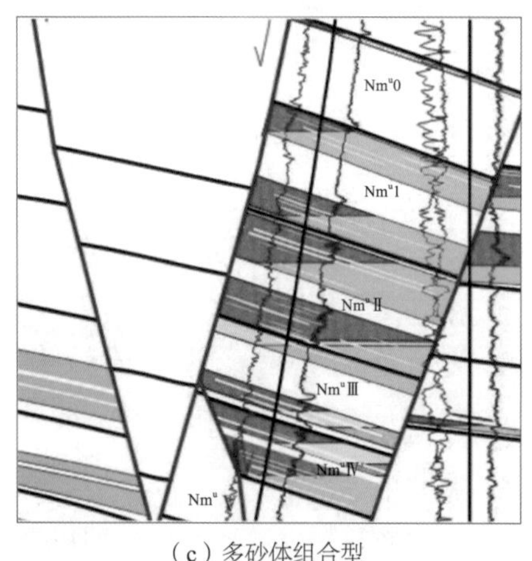

（c）多砂体组合型

图4-17　海上特殊稠油模式分类

图4-17所示。

单砂体纯油区型是指封闭油藏或边水油藏内含油边界以内的、具有一定厚度的油藏，此类油藏适合采用水平井开发[32,33]。其代表是海上南堡35-2油田$Nm0^5$砂体和旅大27-2油田1-1308砂体，陆上胜利油田的草桥草20块、乐安草128块等。这类油藏单层油层厚、距离边底水相对较远，属于优质的热采储量。

底水/过渡带型是指底水油藏或处于边水油藏过渡带区域的储量，同样适用于水平井开发。其代表是海上旅大B油田馆陶组、旅大E油田馆陶组，陆上冷41块、单家寺单2断块、杜84油田馆陶组等。

互层多砂体组合型是指砂体厚度较小、且呈互层状分布的多砂体组合，此类油藏适合采用定向井/直井合层开发。其代表是海上蓬莱C油田新近系、辽河锦45块、杜66块等。定向井/直井合层热采方式是陆地油田热采最常用的开发方式，一方面，定向井/直井是陆上油田最常见的井型，另一方面，合层开发可以扩大储量动用程度。但对于海上油田，由于经济性的限制，采用定向井合采难以满足产量要求。对于同样的边水油藏，通过热采开发技术经济界限的研究，建议优先考虑对具备一定厚度的油层进行水平井单层开发（单砂体纯油区型），后考虑定向井合层开发。

为研究地质油藏参数对热采开发效果的相对影响，根据目标油田的参数范围，分别设置了三种不同特殊稠油储量模式分类下的3因素、7水平的机理模型正交实验147组，参数设置如表4-4所示。通过极差分析法，分析出三种不同特殊稠油储量模式下单井累产油量的影响权重排序为：单砂体纯油区型，原油黏度 > 厚度 > 埋深；底水/过渡带型，厚度 > 原油黏度 > 水体倍数；互层多砂体组合型，原油黏度 > 厚度 > 净总比。可见，无论对于何种稠油储量模式，单井累产油量的主控因素均为厚度和原油黏度。

表4-4 海上稠油热采关键地质因素分析正交实验设计参数表

单砂体纯油区型			底水/过渡带型			多砂体组合型		
厚度/m	原油黏度/mPa·s	埋深/m	厚度/m	原油黏度/mPa·s	水体倍数/f	厚度/m	原油黏度/mPa·s	净总比/f
5	350	400	10	350	1	15	350	0.3
10	700	600	20	700	3	20	700	0.4
15	1000	800	30	1000	5	25	1000	0.5
20	2000	1000	40	5000	10	30	2000	0.6
25	10000	1200	60	10000	15	35	10000	0.7
30	20000	1400	80	20000	30	40	20000	0.8
35	50000	1600	100	50000	50	50	50000	0.9

注：各参数设置均参照4个典型油田实际参数范围。

二、稠油热采开发效果预测

根据正交实验的研究成果，对于海上特殊稠油油藏的三种类型，在均质情况下，影响热采开发效果的关键因素都是厚度和黏度。为了快速预测海上稠油热采的开发效果，分别考虑单砂体纯油区型、底水型和多砂体组合型三种油藏类型、多元热流体和蒸汽吞吐两种开发方式，根据不同厚度和原油黏度组合，采用294组机理模型进行敏感性研究，将其结果绘制为海上稠油热采单井累产油量预测图（见图4-18～图4-20）。

图4-18为单砂体纯油区型热采单井累产油量预测图，模型的基础参数见右上角的标注框。由图4-18可知，原油黏度升高，单井累产油量逐渐降低；油藏厚度增大，单井累产油量逐渐增大；油层厚度越大，原油黏度对单井累产油量越敏感；原油黏度越大，不同厚度下的单井累产油量越接近，厚度越不敏感。

图4-18中的实线为蒸汽吞吐开发方式计算结果，虚线为多元热流体计算结果。通过对比可见，对于单砂体纯油区型模式，当地下原油黏度在1000mPa·s以内时，多元热流体吞吐开发效果略好；当地下原油黏度大于1000mPa·s时，蒸汽吞吐开发效果较好。这是由于当原油黏度较低时，原油流动对热焓要求较低，蒸汽吞吐开发的高热焓优势不明显，多元热流体的增能保压作用能够得到很好的体现；当原油黏度较高时，降黏成为影响开发效果的首要因素，此时热焓较高的蒸汽吞吐体现出一定的优势[34]。图中的4条平行于横轴的直线为不同开发模式下的经济界限，将在“三、稠油热采经济界限研究”中详细介绍。

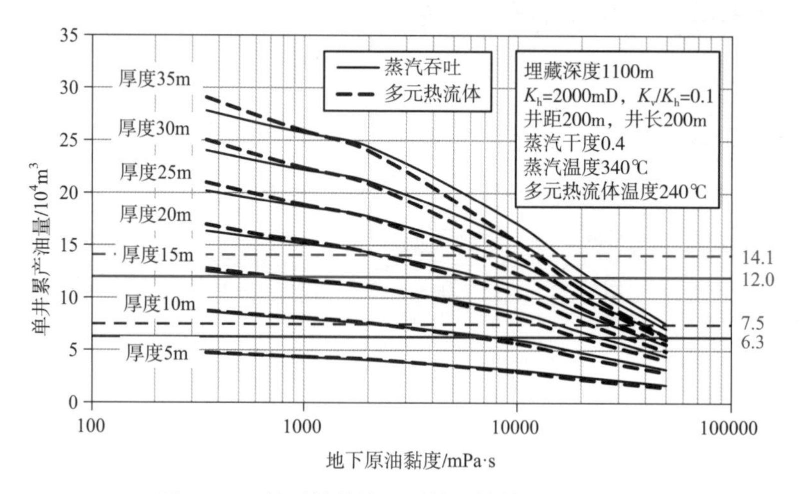

图4-18　单砂体纯油区型热采单井累产预测图

图4-19为底水/过渡带型单井累产油量预测图。相比于同样采用水平井开发的单砂体纯油区型，具有以下特点：①在相同厚度及原油黏度下，底水/过渡带型单井累产油量约为单砂体纯油区型的一半，说明底水的吸热作用导致热采效果明显变差；②当黏度为350～50000mPa·s时，多元热流体吞吐开发效果一直低于蒸汽吞吐，说明由于底水对油藏能量的补充作用，多元热流体增能保压的增油效果变得并不明显；③随着原油黏度的增大，单井累产油量呈“凹形”下降，而非单砂体纯油区型的“凸形”下降，说明黏度增大，水油流度比增大，底水突进更加剧烈。

图4-20为互层多砂体组合型热采单井累产油量预测图。在相同的油层总厚度下，单砂体纯油区型水平井热采的累产油量约为互层多砂体组合型的5倍，其原因主要为：①对于单层油藏，在相同油层厚度下，水平井的单井累产油量

为定向井的2～4倍[35]；②在相同油层厚度及相同井型的情况下，由于互层多砂体组合型储层被多个泥岩隔层所分割，纯总厚度比较低，研究结果表明，纯总厚度比由1.0下降至0.5时，单井累产油量下降40%。

通过图4-18、图4-19和图4-20，我们可估算出不同储量模式下任意原油黏度、油藏厚度下的单井累产油量。

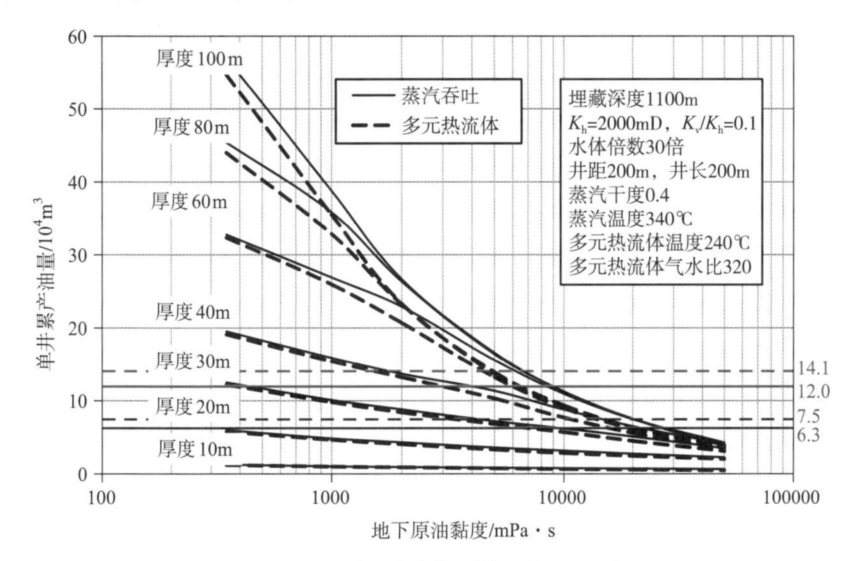

图4-19 底水/过渡带型热采效果预测图

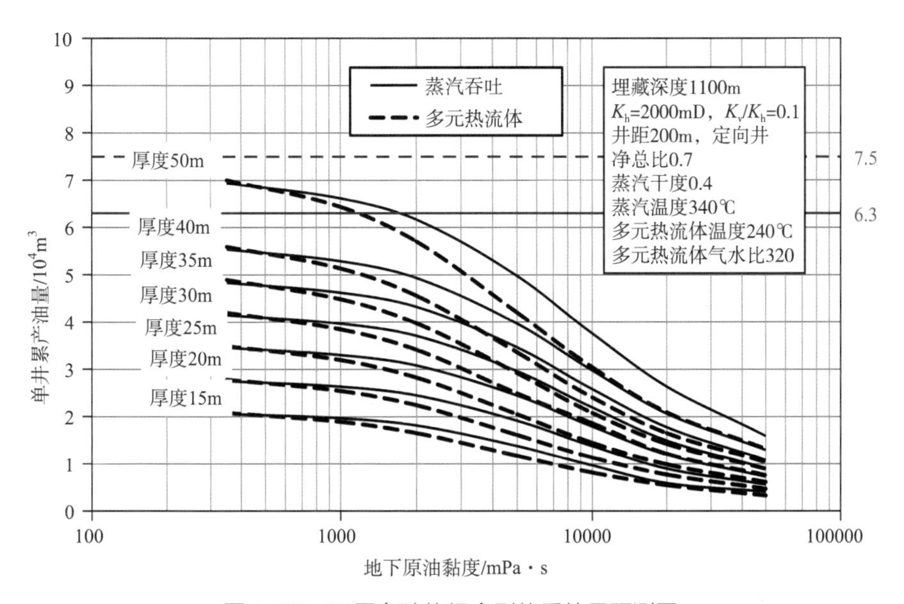

图4-20 互层多砂体组合型热采效果预测图

三、稠油热采经济界限研究

海上开发不同于陆上，其工程投资大、作业费用高，不同的工程模式对经济界限影响较大，必须充分考虑工程因素，才能较为准确地确定热采开发的经济界限。

（1）海上油田开发不同工程模式

海上稠油热采开发的经济性，受到海上不同工程模式的影响。根据渤海目前的生产情况，将工程模式划分为：①独立开发，即新钻热采井，新建井口平台、中心处理平台及外输管线；②依托开发，即仅新钻热采井、新建井口平台，中心处理平台和外输管线依托原有设施（为简化起见，暂不考虑设施改造费用）；③挖潜开发，即不需要新建井口平台、中心处理平台和外输管线，仅考虑在原有井口平台上增设注热设备，新钻热采井。其示意图如图4-21所示。

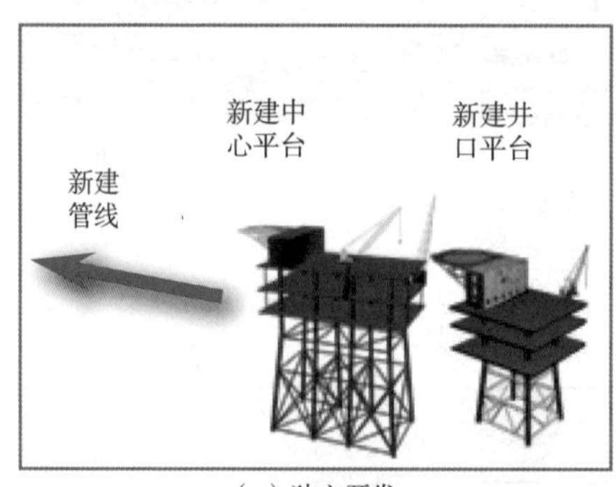

（a）独立开发

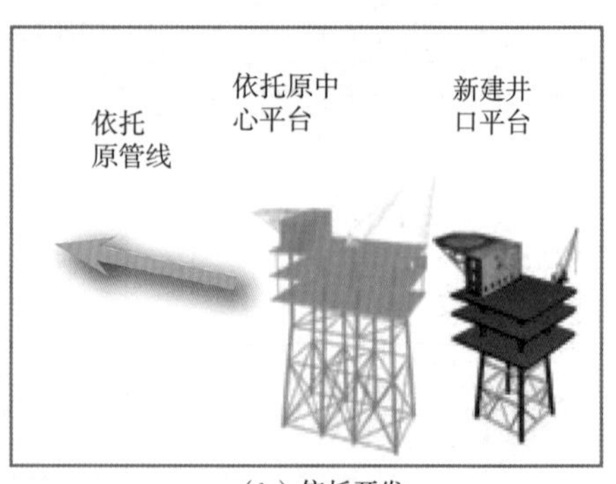

（b）依托开发

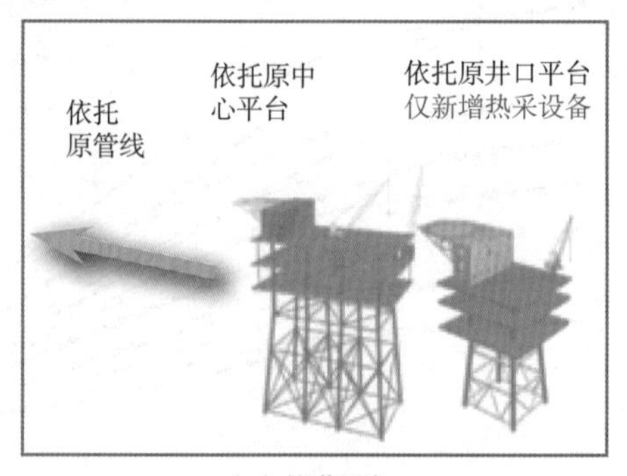

（c）挖潜开发

图4-21　海上开发不同工程依托模式示意图

（2）海上稠油热采经济界限概算

采用多专业协同研究的方式估算海上稠油热采的经济界限。油藏专业编制不同开发方式下的开发指标；钻采专业设计了热采井钻采方案，给出钻井、完井及采油费用；工程专业根据不同的开发模式、生产规模设计不同的工程方案，开列平台设备表；经济专业计算经济效益。根据经济效益的情况，油藏专业调整开发指标，其他专业更新相应方案，直至找到合理的经济界限（对应内部收益率12%）。根据以上过程，确定的热采开发经济界限如表4-5所示。

表4-5　海上稠油热采开发经济界限表

工程模式	热采方式	动用储量/10^4m^3	单井累产油量/10^4m^3			
			油价50$/bbl	油价66.8$/bbl	油价80$/bbl	油价100$/bbl
独立开发	蒸汽吞吐	2000	17.1	12.0	11.1	9.6
	多元热流体吞吐		18.7	14.1	12.4	10.6
依托开发	蒸汽吞吐	1100	17.1	12.0	11.1	9.6
	多元热流体吞吐		18.7	14.1	12.4	10.6
挖潜开发	蒸汽吞吐	600	8.9	6.3	6.1	5.1
	多元热流体吞吐		10.6	7.5	7.2	6.2

以上计算结果说明，挖潜开发模式经济门槛最低，在当前评价油价下（66.8$/bbl），单井累产油量的门槛为$6\times10^4\sim8\times10^4m^3$，动用储量需大于$600\times10^4m^3$；依托开发单井累产油量门槛为$12\times10^4\sim14\times10^4m^3$，动用储量需大于$1100\times10^4m^3$；独立开发经济门槛最高，在单井累产油量$12\times10^4\sim14\times10^4m^3$的基础上，动用储量需大于$2000\times10^4m^3$。随着油价的升高，单井累产油量界限逐渐下降。

同时，由于注热设备费用及热采操作费的不同，多元热流体开发经济门槛略高，约为蒸汽吞吐单井累产油量界限的120%。这里需要注意，该结论受到油田服务合同模式、设备发展情况、评价油价等多方面的制约，任何一种因素变化都可能造成结果的不同。

四、海上热采经济界限的应用

在海上热采经济界限研究成果的基础上，可以对一些问题进行快速的决策，以下是几个应用实例。

（1）勘探评价阶段，热采测试的快速决策

当地下原油黏度较大，探井和评价井采用冷采测试无法获得产能时，海上可选择采用热采测试。相对于常规冷采DST测试（有效时间3～4d，测试费用在500万元人民币以内），热采测试时间长（有效时间20d左右），费用高（4000万元人民币左右）。因此，在钻遇特超稠油油藏时，需要进行是否进行测试的快速决策。

以旅大C油田为例，该油田距离最近的已开发油田20km，只能采用独立开发或依托开发模式，无法采用挖潜模式开发。LD C-3井在馆陶组钻遇底水油藏，地震资料判断油层厚度为30～40m，估算地下原油黏度在15000mPa·s左右。根据底水型图判断（图4-19），油层厚度40m，地下原油黏度15000mPa·s时对应的热采累产约为$7.5\times10^4m^3$。对应表4-5可知，即使在油价100美元条件下，依然无法经济开发，因此初步判断，在目前形势下该油田不应进行热采测试。

（2）动用储量及井型选择

对于纵向上多层砂体组合的储层，在开发设计时，往往需要比选水平井开发主力层和定向井合层开发两种方式。通过海上热采经济界限，可以快速得出结论，这对于开发方案编制早期的大思路确定具有一定的意义。

以PL油田为例，表4-6是某地层中4个小层的实际参数。分别使用单砂体纯油区型热采单井累产预测图（见图4-18）和互层多砂体组合型热采效果预测图（见图4-20），可预测出水平井单采和定向井合层开发时的单井累产油量。对比可见，由于水平井单井控制范围较大，采用水平井开发主力的I-1、I-3层效果明显优于定向井合层开发4个小层。

表4-6　PL油田某地层4个小层参数及开发效果预测

小层	油藏类型	地层原油黏度/mPa·s	油层厚度/m	预测单井累产油量	
				水平井单采/10^4m^3	定向井合采/10^4m^3
I-1	边水油藏	1144	7.5	6.2	2.6
I-2			2.9	2.5	
I-3			3.2	2.8	
I-4			2.6	2.3	

（3）选择开发方式

通过单井累产油量图对比，结合目标油藏的类型、原油黏度和厚度，可以快速查明多元热流体和蒸汽吞吐下的单井累产油量，如表4-7所示，并确定合适的吞吐方式。

表4-7　典型砂体吞吐方式选择表

开发单元	油藏类型	油层厚度/m	地下原油黏度/mPa·s	单井累产预测		推荐热采方式
				多元热流体吞吐/10^4m^3	蒸汽吞吐/10^4m^3	
QHD-1064	单砂体纯油区型	14.7	340	12.4	11.9	多元热流体吞吐
PL-8D	多砂体组合型	31	2562	3.2	3.7	蒸汽吞吐
PL-10D	多砂体组合型	15	5644	1.1	1.4	蒸汽吞吐
LD	底水型	35	15000	5.9	6.7	蒸汽吞吐

第五章

海上热采开发方案设计实例

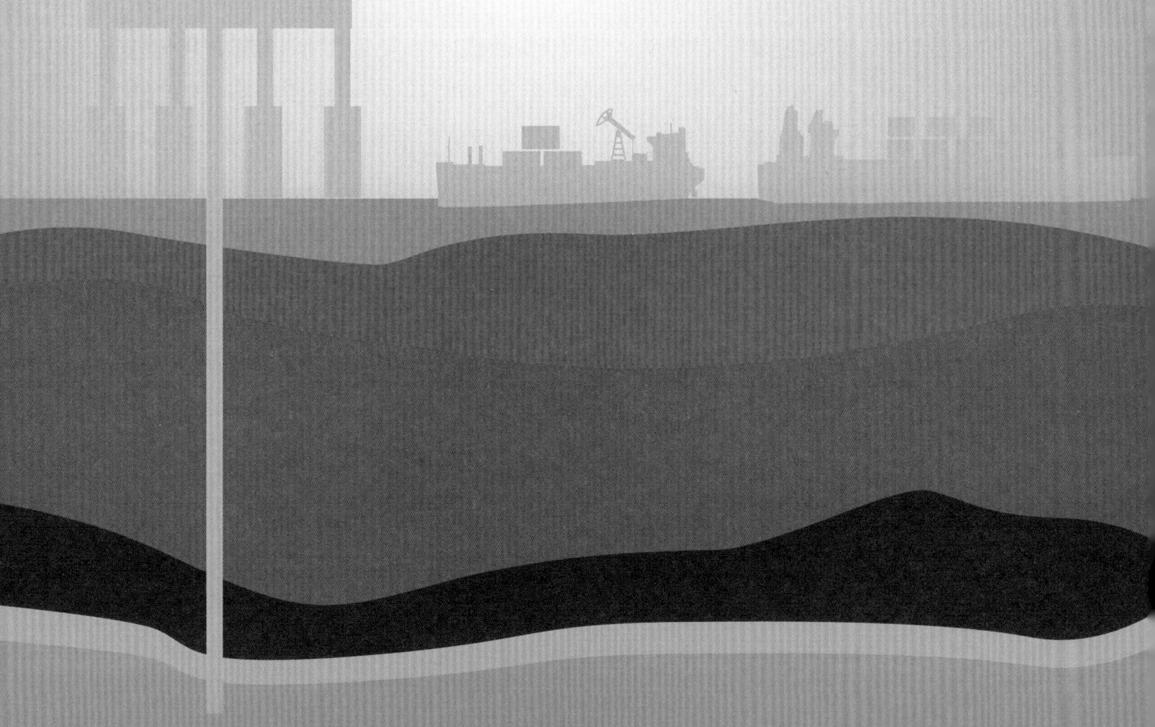

第一节 边水油藏开发方案设计——秦皇岛A油田

一、地质油藏概况

（一）构造、沉积及储层物性

秦皇岛A油田为在古隆起背景上发育的被断层复杂化的断裂背斜构造，构造整体向西抬升，表现为低幅特征。秦皇岛A油田主力油组明化镇组储层为曲流河沉积，岩性以中粗、中细岩屑长石砂岩和长石岩屑砂岩为主，矿物成分主要为石英、长石、岩屑。储层物性具有特高孔、特高渗的特征，孔隙度平均值为34.5%，渗透率平均值为3019mD。

（二）流体性质

秦皇岛A油田石油地质储量以稠油为主，油田探明石油地质储量的80%为稠油，主要分布在Nm0油组和NmI油组。

（1）稠油油藏地面原油性质

①Nm0油组地面原油性质。在20℃条件下，地面原油密度为0.964～0.966g/cm^3；在50℃条件下，地面原油黏度为1288～1416mPa·s；含硫量为0.32%～0.35%；含蜡量为2.75%～3.19%；胶质沥青质含量为22.03%～22.45%；凝固点为−4～−2℃。

②NmI油组的地面原油性质。在20℃条件下，地面原油密度为0.958～0.967g/cm^3；在50℃条件下，地面原油黏度为770～1897mPa·s；含硫量为0.30%～0.35%；含蜡量为2.51%～4.14%；胶质沥青质含量为20.74%～22.20%；凝固点为−4～1℃。

（2）稠油油藏地层原油性质

①Nm0油组地层原油性质。由于没有Nm0油组的原油PVT样品，所以通过建立密度与黏度之间的关系对该油组的地层原油黏度进行计算，并通过黏温关系对其进行校正，最后通过砂体地质储量加权得到Nm0油组地层原油黏度为

468～638mPa·s。

②NmI油组地层原油性质。NmI油组地层原油密度为0.922g/cm^3，地层原油黏度为342mPa·s，饱和压力为7.61MPa，地饱压差为2.0MPa，溶解气油比为19m^3/m^3，原油体积系数为1.061。

（三）油藏类型

秦皇岛A油田主力油组明化镇组埋深为886～1398m，属于中浅层油藏，每个含油、气砂体具有独立的压力系统，具有“一砂一藏”的特点。油藏类型为纵向上具有多套油水系统油藏，以边、底水油藏为主。

二、基础方案设计

（一）动用地质储量

秦皇岛A油田Nm0油组地层原油黏度大于500mPa·s，需采用热采方式开发。参考陆地油田热采标准，适合热采的砂体要求水体能量弱，砂体有效厚度大于10m，探明石油地质储量大于200×10^{4}m^3。为在主力区块寻找试验砂体，把NmI油组也纳入了筛选范围。经筛选，满足条件的有Nm0-1095、NmI-1064和NmI-1136共计3个砂体。

综合分析，本油田热采开发共动用3个砂体，分别为NmI-1064砂体，热采动用石油地质储量为548.0×10^{4}m^3；NmI-1136砂体，热采动用石油地质储量为775.8×10^{4}m^3；Nm0-1095砂体，热采动用石油地质储量为231.0×10^{4}m^3。3个砂体合计动用石油地质储量为1554.8×10^{4}m^3。

由于3个砂体在储层物性和流体物性等方面差别不大，因此开发方案设计、推荐方案、风险和潜力分析及热采方案实施要求，均以NmI-1064砂体为例进行介绍。

（二）开发方式及井型选择

（1）开发方式选择

秦皇岛A油田NmI-1064砂体地下原油黏度为342mPa·s，根据第四章第三节的研究成果可知，对于单砂体纯油区型的油藏，当地层原油黏度在1000mPa·s以内时，多元热流体吞吐开发效果略好。此外，根据海上稠油油田多元热流体先导试验的经验，该砂体推荐采用多元热流体吞吐的开发方式。

（2）井网井型选择

①井型。秦皇岛A油田NmI-1064砂体具有独立的压力系统，且与其他砂体垂向叠置关系差，因此推荐采用水平井开发。

②井网形式。受砂体大小、砂体形态、断层影响，采用不规则井网布井。

③井距。综合油田砂体大小、分布形态及油水关系，并类比渤海地区其他相似油田的开发经验，结合数值模拟及经济评价结果，确定油田井距平均为250m左右。

（三）产能分析

由于秦皇岛A油田无热采测试，因此油井产能评价主要采用似油田类比法确定。类比了已开展先导试验的南堡35-2油田南区，详见表5-1，南堡35-2油田平均渗透率为4564mD，地层原油黏度为690～1314mPa·s，通过类比，NmI-1064砂体产能为120m³/d。

表5-1　秦皇岛A油田NmI-1064砂体多元热流体吞吐产能类比表

油田	区块	层位	油藏类型	沉积相	油藏埋深/m	地层压力/MPa	油层有效厚度/m	孔隙度/%	渗透率/mD	地层原油黏度/mPa·s	地面原油密度/(g/cm³)	驱动类型	井网密度/(口/km²)	水平井产能/(m³/d)
南堡35-2	南区	NmI	岩性、构造岩性	曲流河	935～1166	—	6～8	35.1	4564	690～1314	0.969	多元热流体吞吐	2.5	60
秦皇岛A油田	A-2	NmI-1064	岩性+构造岩性	曲流河	1047	10.5	14.7	37.6	8222	342	0.964	多元热流体吞吐	5.0	120

（四）采收率分析

采收率的分析主要采用经验公式法、类比分析法和油藏数值模拟法3种方法。

（1）经验公式法

采用行业标准（SY/T 5367—2010）中蒸汽吞吐经验公式进行预测，NmI-1064砂体热采收率计算结果为18.3%～22.7%。

（2）类比分析法

对NmI-1064砂体的热采采收率进行类比，类比对象选取南堡35-2油田南区。南堡35-2油田南区地层原油黏度为690～1314mPa·s，渗透率为4564mD，NmI-1064砂体在流体物性及储层物性方面均略好于南堡35-2南区，因此综合推荐2−NmI−1064砂体热采采收率为20.0%，如表5−2所示。

表5−2　秦皇岛A油田NmI−1064砂体多元热流体吞吐采收率类比表

油田	区块	层位	砂体	油藏类型	驱动类型	沉积相	油藏埋深/m	渗透率/mD	孔隙度/%	地面原油密度/(g/cm^3)	地层原油黏度/(mPa·s)	溶解气油比/(m^3/m^3)	流度/(mD/mPa·s)	井距/m	井网密度/(口/km^2)	单井控制储量/10^4m^3	技术采收率/%
南堡35−2	南区	Nml	—	岩性、构造岩性	热采	曲流河	935~1166	4564	35.1	0.969	690 ~ 1314	4.5	7.1	250	2.5	—	14.4
秦皇岛A油田	A−2	Nml	2−1−Nml−1064	岩性、构造岩性	热采	曲流河	1064~1079	8222	37.6	0.964	342	21	18.7	200−250	5.0	56.2	20.0

（3）数值模拟法

数值模拟研究表明，NmI−1064砂体生产8个周期，累产原油$111.9 \times 10^4m^3$，动用储量采出程度20.4%。

（4）采收率确定

综合以上3种方法的分析结果，最终采收率推荐油藏数值模拟法的预测结果为20.4%。

三、开发方案优化

应用CMG油藏数值模拟软件，我们建立了NmI−1064砂体的数值模拟模型，考虑到计算速度，从NmI−1064砂体模型中选取典型井组进行热采方案优化。根据稠油热采开发技术特点，主要从周期注入量、注入速度、注入温度、焖井时间、水平井垂向位置、周期长度等方面出发，设计一系列的优化方案。

（一）周期注入量

由于注入量关系到地层补充能量的大小，我们分别设计了周期注入量为$3150m^3$、$4200m^3$、$5250m^3$、$6300m^3$、$7350m^3$和$8400m^3$共六个方案。其热采阶段采出程度分别为20.0%、21.5%、22.9%、23.8%、24.6%和25.2%，热采阶段累产油分别为$10.5 \times 10^4m^3$、$11.3 \times 10^4m^3$、$12.0 \times 10^4m^3$、$12.5 \times 10^4m^3$、$12.9 \times 10^4m^3$和$13.2 \times 10^4m^3$。随着周期注入量的增加，热采开发效果变好，但累产油增幅变缓，综合考虑设备注入能力及注入时间，推荐周期注入量为$4200m^3$。

（二）注入速度

在累积注入量相同的情况下，我们分别设计了多元热流体注入速度为150m^3/d、200m^3/d、250m^3/d、300m^3/d和350m^3/d共五个方案，考察注入速度对开发效果的影响。其热采阶段采出程度分别为21.5%、21.7%、21.7%、21.8%和21.9%，热采阶段累产油分别为$11.3\times10^4m^3$、$11.4\times10^4m^3$、$11.4\times10^4m^3$、$11.4\times10^4m^3$和$11.5\times10^4m^3$。五个方案累计注入量相同，注入速度对开发效果影响较小，考虑到设备能力，选择多元热流体注入速度为200m^3/d。

（三）注入温度

我们分别设计了多元热流体注入温度为160℃、200℃、240℃和280℃四个方案，通过油藏数模模拟，其热采阶段采出程度分别为21.5%、21.6%、21.7%和21.7%，热采阶段累产油分别为$11.3\times10^4m^3$、$11.3\times10^4m^3$、$11.4\times10^4m^3$和$11.4\times10^4m^3$。随着温度的增加，累产油略有增加。从黏温关系中可以看出，四个温度下地层原油黏度差别不大，考虑设备的能力，推荐方案采用注入温度为240℃。

（四）焖井时间

我们分别设计了焖井3d、5d和7d共三个方案。其热采阶段采出程度分别为21.5%、21.6%和21.7%，热采阶段累产油分别为$11.3\times10^4m^3$、$11.3\times10^4m^3$和$11.4\times10^4m^3$。焖井时间对开发效果影响较小，考虑到热采开发效果及停产时间，推荐方案为焖井5d。

（五）水平井垂向位置

我们分别设计了水平油井位位于油藏上1/3处、油藏中部和油藏下1/3处共三个方案。其热采阶段采出程度分别为17.9%、19.5%和21.5%，热采阶段累产油分别为$9.4\times10^4m^3$、$10.2\times10^4m^3$和$11.3\times10^4m^3$。因在模型中无边底水，水平井位于油藏下部时开发效果好，因此推荐方案中热采水平井位于油藏下1/3处，在方案实施阶段落实油水界面及水体能量后，应根据实际情况进行调整。

（六）周期长度

我们分别模拟了周期长度为4个月、6个月、9个月和12个月，热采阶段累产油分别为$10.9\times10^4m^3$、$11.7\times10^4m^3$、$11.3\times10^4m^3$和$11.1\times10^4m^3$。在对比时以周期累产油与操作费持平作为吞吐截止条件，随着周期长度的缩短，累计油汽比降低，综合分析，并参照南堡35-2油田实际统计结果，推荐吞吐周期长度为9个月。

四、推荐方案

结合地质研究、油藏工程分析和油藏数值模拟结果，推荐方案如下：

①2-NmI-1064砂体采用多元热流体吞吐开发，动用石油地质储量为$548.0\times10^4m^3$。

②共部署热采水平井9口，平均井长为250m，井距离为250m，平均单井控制储量为$60.9\times10^4m^3$。

③推荐注入温度为240℃，焖井时间为5天，最大注入速度为$250m^3/d$，注入20天，第一个周期注入$4200m^3$，以后每个周期递增10%，直至最大周期注入量$5000m^3$；总共吞吐8轮次，每轮次为9个月。

④2-NmI-1064砂体多元热流体吞吐开发高峰年产油量为$24.8\times10^4m^3$，动用储量高峰采油速度为4.5%，吞吐8周期后累产油量为$111.9\times10^4m^3$，平均单井产油量为$12.4\times10^4m^3$，动用储量采出程度为20.4%。2-NmI-1064砂体热采开发推荐方案井位部署示意图如图5-1所示。

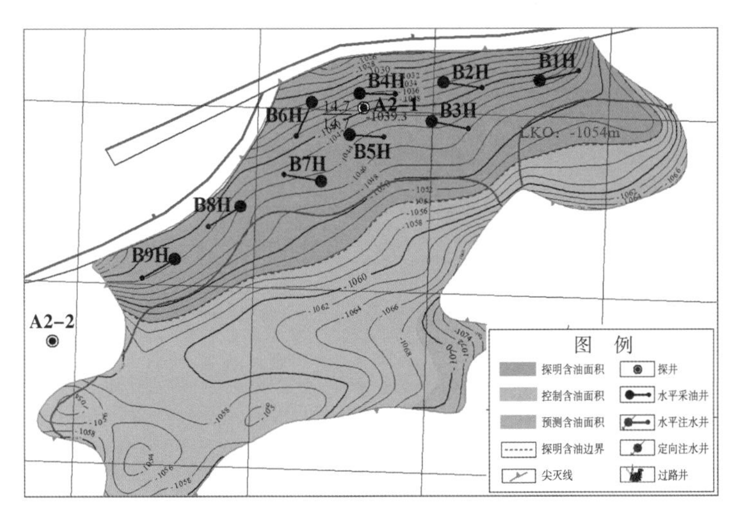

图5-1　秦皇岛A油田NmI-1064砂体热采开发井位部署图

五、开发潜力与风险

（一）潜力分析及高方案

因NmI-1064砂体已经动用了全部的探明石油地质储量和50%的控制石油地质储量，因此该砂体无热采开发高方案。

（二）风险分析及低方案

NmI－1064砂体热采试验方案的风险主要在于：油水界面的不确定性，在地质储量计算中采用油底下推计算了控制石油地质储量和预测地质储量，推荐方案动用了全部的探明石油地质储量和50%的控制石油地质储量。因热采方案要求在纯油区布井，边底水对方案影响较大，应用数值模拟方法模拟了油水界面分别位于1054m（LKO，即油底深度）、1061m和1069m三个方案。

三个方案的对比表详如表5－3所示。基于地质认识，目前推荐油水界面下推半个油柱高度（油水界面：1061m）作为油水界面。在方案实施时优先实施高部位B6H井探油水界面，根据油水界面情况重新优化调整方案。

表5－3　秦皇岛A油田NmI－1064砂体热采风险方案汇总表

油水界面	动用储量/10^4m^3	井数/口			井控储量/10^4m^3	高峰年产油/10^4m^3	高峰采油速度/%	20年累产油/10^4m^3	采收率/%	单井可采/10^4m^3
		采油井	注水井	总井数						
1054m	150.0	3	0	3	50.0	6.5	4.0	34.0	22.1	11.3
1061m	548.0	9	0	9	60.9	24.8	4.5	111.9	20.4	12.4
1069m	899.0	16	0	16	56.2	45.4	5.0	185.9	20.6	11.6

六、方案实施要求

（一）钻井顺序要求

NmI－1064先钻高部位井探油水界面，根据油水界面情况重新优化调整方案。

（二）对钻完井的工艺和质量要求

①为了在钻井、完井作业中防止储层污染，开发井采用预应力完井后及时排污，降低储层污染。要求定向井表皮系数小于5，水平井表皮系数小于3，钻完井附加表皮系数最小。

②固井水泥应全井段封固，并考虑注热工艺对固井质量的影响，确保固井质量，以防止油、气、水层互窜。

③采用适合热采工艺的防砂方式；采用适合热采定向井多层合采工艺，确保固井质量，实现逐层上返开发；注采管柱满足热采井录取资料的要求。

（三）动态监测的要求

热采井下安装热采参数检测装置，监测热采井温度、压力、干度等参数。

（四）对工程的要求

因多元热流体吞吐后续轮次注入量增加，建议适当预留设备空间。

第二节　多层油藏开发方案设计——蓬莱B油田

一、地质油藏概况

（一）构造、沉积及储层物性

蓬莱B油田位于渤海东部海域，主要含油层位于新近系明化镇组，整体上为大断层控制的复杂断裂半背斜构造。储层为极浅水条件下的三角洲沉积，主要发育水下分流河道微相，平均孔隙度为28.0%　~31.1%，平均渗透率为836.8~1687.1mD，属于高孔、高渗储层。油藏埋深610~1660m，为中浅层油藏。平面上分为不同井区，纵向上各油组发育多套油水系统。油田平面分布图及油藏剖面如图5-2、图5-3所示。

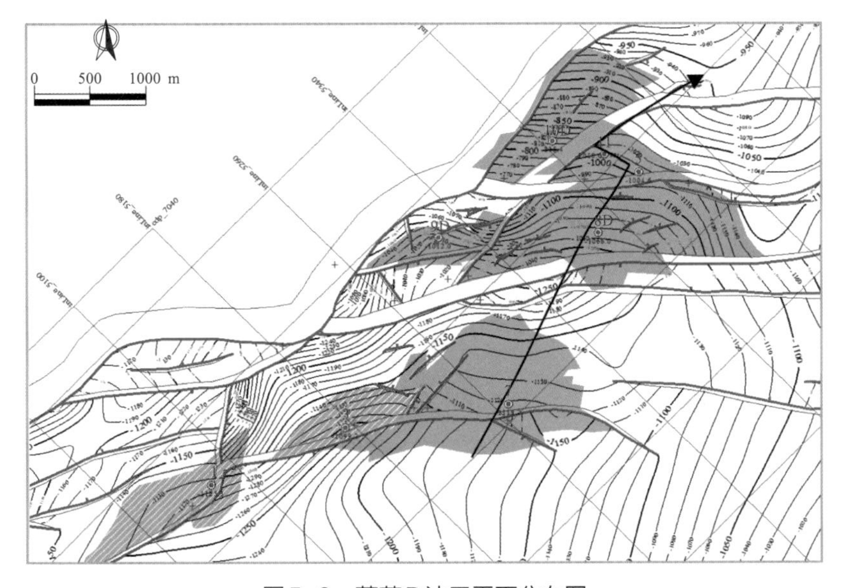

图5-2　蓬莱B油田平面分布图

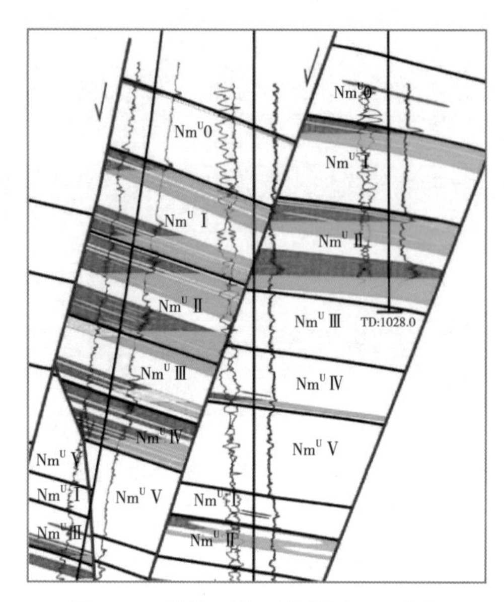

图5-3　蓬莱B油田油藏剖面示意图

蓬莱B油田总探明石油地质储量中约95%为稠油，主要分布在8D和10D井区，本节以8D井区为例，阐述开发方案设计主要内容。

（二）流体性质

由于原油黏度较大，主力油藏未取得PVT样品。地层原油黏度是方案研究中的关键因素，因此，采用多种方法综合确定了主力层段地层原油黏度。

（1）复配PVT样品测定地层原油黏度

因主力层段取得地面原油样品，可通过复配获得地层原油样品并进行分析，从而测得地层原油黏度。对于溶解气样品，借用了本油田其他井区天然气样品组分分析结果，类比选取替代气样进行地层流体复配。通过回归分析区域相近流体地面原油黏度和气油比关系，我们综合确定主力油组所对应的气油比为10m^3/m^3左右。通过复配测定，地层原油黏度为2310mPa·s。

（2）经验公式计算地层原油黏度

通过地面原油黏度和黏温数据可以计算地层温度下的地面原油黏度，进而通过经验公式计算地层原油黏度。利用目前常用的Beggs公式计算的地层原油黏度为2140mPa·s。

（3）测试资料反算地层原油黏度

因8D井区进行了DST测试，结合油藏静、动态资料，利用试井解释、产能分析等动态分析方法，可以获得地层条件下的流度值；以此为基础，根据岩芯分析、测井解释及其他方法所确定的地层有效渗透率即可进行地层原油黏度的评估。通过该方法进行预测，测试的主力层段地层原油黏度为2513mPa·s。

综上所述，测得8D井区明上段3个主力油组地层温度下脱气原油黏度，利用Beggs公式可计算得到地层原油黏度为1536～3322mPa·s。

（三）油藏类型

综合分析，该油田为典型砂泥岩互层、受断层控制的边水层状稠油油藏。

二、基础方案设计

（一）动用储量

基于油藏储量分布、储量规模、原油物性及现有海上工艺技术条件，制定开发原则如下：①主力油组特殊稠油（1536～3322mPa·s）采用热采开发方式；②优先动用纯油区内探明储量；③纵向含油井段长、油层总厚度大，考虑组合分段分期开发，在工艺允许条件下尽量增加热采防砂段内厚度和储量，确保经济效益；④热采井部署在纯油区，距离内含油边界150m以上，距内部断层50m以上。

基于开发原则，根据海上油田热采开发效果预测图（见图4-20），在纯油区内部署的开发井网动用8D井区明上段3个储量单元（Ⅱ-2、Ⅲ-2及Ⅳ）的石油地质储量共$862.8\times10^4m^3$。

（二）开发方式及井型选择

8D井区主力油组地层原油属于特稠油，根据海上油田热采开发效果预测图，推荐采用蒸汽吞吐方式开发。

因本油田纵向发育多套油层，隔夹层发育，含油井段长且叠合较好，各层储层物性差异不大，因此，推荐采用定向井开发。综合考虑经济效益、热采井利用和现有海上热采工艺技术条件，8D井区采用定向井分3段逐段上返开发。

综合油田砂体大小、分布形态及油水关系，并类比陆上已开发油田及渤海地区其他相似油田的开发经验，油田井距确定为平均200m左右。

（三）产能分析

（1）测试资料分析法

借用热采测试结果并根据不同的渗透率，我们对采油指数进行了校正。设计生产压差为2.5MPa，有效厚度为各油组碾平厚度，8D井区各油组的单井产量为15～40m³/d。

（2）类比分析法

类比了流体性质相似的胜利油田C128块（见表5-4），类比油田的定向井初期平均产油量为10m³/d，水平井初期平均产油量为15m³/d。根据流动系数进行折算，类比得到8D井区各油组定向井产量为15～30m³/d，10D井区各油组定向井产量为20～40m³/d。类比分析法与测试资料分析法较为接近，综合推荐测试资料分析法的计算结果。

表5-4　蓬莱B油田热采产能类比表

油田	层位	油藏类型	驱动类型	沉积相	油藏温度/℃	油藏厚度/m	油藏埋深/m	渗透率/mD	孔隙度/%	地面原油密度/（g/cm³）	50℃地面原油黏度/mPa·s	地层原油黏度/mPa·s	定向井产能/(m³/d)
C128块	沙河街组	岩性、构造岩性、边水	热采	扇三角洲前缘	63	4～8	1260～1350	829	33.3	0.95～0.99	1438～24714		10
蓬莱B油田8D井区	N_2m^U Ⅱ-2	岩性、构造岩性、边水	蒸汽吞吐	浅水三角洲	53	25	1013	1508	30.6	0.996	8618	3322	25
	N_2m^U Ⅲ-2		蒸汽吞吐	浅水三角洲	56	11.3	1132	1718	31.7	0.991	6398	1851	15
	N_2m^U Ⅳ		蒸汽吞吐	浅水三角洲	58	44.9	1165	1627	30.9	0.991	4510	1536	30

（四）采收率分析

（1）经验公式法

采用行业标准（SY/T 5367-2010）中蒸汽吞吐经验公式进行预测，8D井区热采采收率计算结果为21.1%～23.3%。

（2）类比分析法

对8D井区采收率进行类比，类比对象主要从沉积相、油藏类型、驱动类型、储层物性、流体特征出发，选取相似油田，分别类比了旅大27-2、C128区块、齐40等油田（见表5-5），可看出旅大27-2油田储层物性优于8D井区，但井距也较大；8D井区与C128块井距相近，但储层物性更好；与齐40块相比，8D井区储层物性相近，但井距略大。综合考虑本油田沉积相、油藏类型等因素，推荐8D井区采收率为16%～20%。

表5-5　蓬莱B油田稠油热采采收率类比表

油田	层位	油藏类型	驱动类型	沉积相	油藏温度/℃	油层厚度/m	油藏埋深/m	渗透率/mD	孔隙度/%	地面原油黏度/mPa·s	地层原油黏度/mPa·s	井距/m	井控储量/10^4m^3	技术采收率/%
旅大27-2	明化镇（1308）	岩性、构造岩性	蒸汽吞吐	曲流河	50	7.0	1300	3787	34.4		2337	200～300	38.4	18.3
C128块	沙河街	岩性、构造岩性、边水	蒸汽吞吐	扇三角洲前缘	63	4～8	1260～1350	829	33.3	1438～24714		150～200	19.4	14.0
齐40	莲Ⅱ	岩性、构造岩性	热采	扇三角洲前缘	38	17～24	910～1050	1350	31.0	3127		100～200	6.2	23.0
B油田8D井区	明上Ⅱ-2	岩性、构造岩性、边水	蒸汽吞吐	浅水三角洲	53	25	1013.1	1508	30.6	8618	3322	150～200	39.2	16～20
	明上Ⅲ-2		蒸汽吞吐	浅水三角洲	56	11.3	1131.9	1718	31.7	6398	1851	150～200	14.7	
	明上Ⅳ		蒸汽吞吐	浅水三角洲	58	44.9	1164.9	1627	30.9	4510	1536	150～200	16.7	

（3）数值模拟法

数值模拟研究表明，8D井区蒸汽吞吐开发，分3段上返，共预测20年，累产油量164.9×10^4m^3，采出程度19.1%。

（4）采收率确定

通过相似油田类比、公式计算和数值模拟研究，推荐采用数值模拟法结果，即8D井区采收率推荐值为19.1%。

三、开发方案优化

以地质特征参数为基础建立机理模型，重点对注采参数进行优化，主要优化注采参数包括：热采周期注入量、注入速度、焖井时间和产液速度。

（一）热采周期注入量

设计周期注入强度为40m³/m（每周期每米油层厚度注入40m³）、80m³/m、120m³/m、160m³/m、200m³/m及240m³/m，机理模型油层厚度为25m，即每周期注入蒸汽水当量为1000m³、2000m³、3000m³、4000m³、5000m³、6000m³。在10个周期吞吐结束后，单井累产油量分别为$2.20 \times 10^4 m^3$、$2.62 \times 10^4 m^3$、$2.95 \times 10^4 m^3$、$3.14 \times 10^4 m^3$、$3.34 \times 10^4 m^3$、$3.49 \times 10^4 m^3$，当周期注入强度达到120m³/m（周期注入量3000m³）后，累产油的增加变缓。综合推荐定向井周期注入强度为120m³/m，即周期注入量为3000m³。

（二）注入速度

分别设置蒸汽注入速度为100m³/d、200m³/d、250m³/d、300m³/d及400m³/d五个方案，考察注入速度对开发效果的影响。10个周期吞吐结束后单井累产油量分别为$3.04 \times 10^4 m^3$、$3.09 \times 10^4 m^3$、$3.11 \times 10^4 m^3$、$3.12 \times 10^4 m^3$、$3.13 \times 10^4 m^3$，当周期注入量达到250m³/d后，增油量变缓。综合考虑到设备能力及采出程度增加幅度，选择蒸汽注入速度为250m³/d。

（三）焖井时间

分别设置焖井时间为1d、3d、5d、7d及10d五个方案，分析焖井时间对开发效果的影响。数值模拟结果表明，焖井时间对开发效果的影响较小，五个方案单井累产油量都在$3.08 \times 10^4 m^3$左右。根据以往相似油田开发经验，选择焖井时间为5d。

（四）产液速度

分别设置产液速度为30m³/d、50m³/d、70m³/d、90m³/d及100m³/d五个方案，考察产液速度对开发效果的影响。10个周期吞吐结束后单井累产油量分别为$2.95 \times 10^4 m^3$、$3.05 \times 10^4 m^3$、$3.09 \times 10^4 m^3$、$3.10 \times 10^4 m^3$和$3.10 \times 10^4 m^3$，随着产液速度的增加，累产油逐渐增加，但当产液速度达到70m³/d以后，累产油增加幅度很小，故选择产液速度为70m³/d。

四、推荐方案

以8D井区实际模型为基础，采用机理模型优化的参数，对开发指标进行了预测，形成推荐方案。

推荐方案如下：

①动用主力油组纯油区储量，动用储量为 $862.8\times10^4m^3$。

②蒸汽吞吐开发，采用定向井分3段逐段上返开发，平均井距为200m，平均单井控制储量为 $50.8\times10^4m^3$。井位部署图如图5-4所示。

③推荐焖井时间为5d，周期累计注入量为 $3000m^3$，注入速度为 $250m^3/d$，产液速度为 $70m^3/d$，其他注采参数依海上热采工艺技术条件与本章中其他稠油油藏采用的参数一致。

④设计蒸汽吞吐井初期产能为 $15\sim40m^3/d$，全区高峰年产为 $16.9\times10^4m^3$，动用储量高峰采油速度为1.8%，累产油量为 $164.9\times10^4m^3$，动用储量采出程度为19.1%。

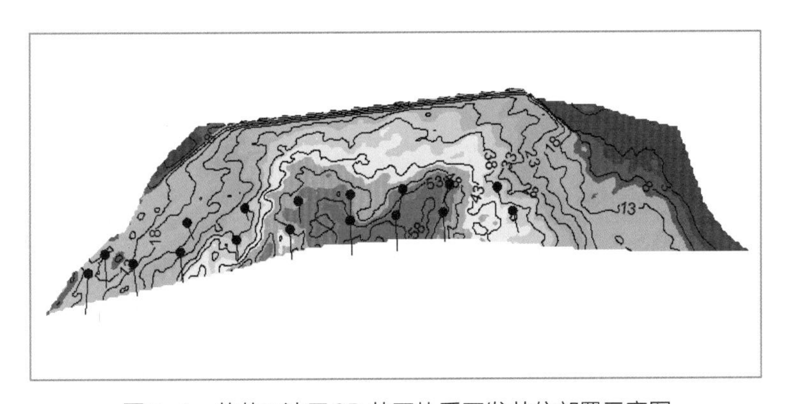

图5-4　蓬莱B油田8D井区热采开发井位部署示意图

五、开发潜力与风险

（一）潜力分析及高方案

蓬莱B油田的开发潜力主要在于8D井区流体物性及油水界面两个方面。

测试结果显示，8D井区有一定的产能，但测试时间较短，且未防砂，测试存在较大不确定性，且地层原油黏度存在低于预测结果的可能，应根据开发初期流体样品分析和后续生产动态调整开发方案。

另外，推荐方案中采用下推半个油柱高度作为预测的油水界面，油水界面存在不确定性。基于目前对隔层的认识，主力油组可能被隔层分隔，在这种油藏模式下，纯油区储量增加，其中8D井区IV油组增加 $94.0\times10^4m^3$，在高方案中考虑动用，现有井网可以控制。

通过数值模拟方法预测，与推荐方案相比，高方案增加动用储量$94.0\times10^4m^3$，热采开发井数相同，高峰年产油量相当，累产油增加$14.3\times10^4m^3$。

（二）风险分析及低方案

蓬莱B油田8D井区的开发风险主要在于流体物性及小断层分布两个方面。采用经验公式的方法预测了8D井区的流体物性，如实际地层原油黏度增大，对开发造成不利影响。8D井区大量小断层的存在影响蒸汽的扩散和注热开发效果，应根据初期开发井的落实情况分析小断层分布，尽可能降低小断层对开发的影响。

针对热采方案中油水界面不确定及隔层影响等油藏模式问题，建议先期实施的开发井优先对油水界面和小断层情况进行分析评价，并根据钻遇情况优化调整油藏开发方案。

六、方案实施要求

（一）钻井、完井要求

（1）钻井顺序的要求

①开发井钻井顺序原则为：先深后浅，优先落实潜力和风险。

②以8D井区的1口井作为领眼井以探明主力油组的油水界面，并根据落实情况重新优化方案。

（2）对钻完井的工艺和质量要求

①为了在钻井、完井作业中防止储层污染，开发井采用预应力完井后及时排污，降低储层污染。要求定向井表皮系数小于5，水平井表皮系数小于3，钻完井附加表皮系数最小。

②在钻井过程中发现新砂体时，如果新砂体在目的层的中部和下部，考虑一起完井，如果在目的层的上部，考虑后期上返。

③固井水泥应全井段封固，并考虑注热工艺对固井质量的影响，确保固井质量，以防止油、气、水层互窜。

④采用适合热采工艺的防砂方式；采用适合热采定向井多层合采工艺，确保固井质量，实现逐层上返开发；注采管柱满足热采井录取资料的要求。

（二）开发工程要求

①平台需满足采用蒸汽吞吐开发需求，蒸汽井底温度不低于340℃，井底

干度不低于0.4。

②结合工程设施设计情况及地下资源潜力，建议预留6个井槽，用于考虑未动用储量的升级评价和动用。

（三）资料录取要求

①开发初期在3个主力层位取PVT样品。

②安装热采参数监测装置，监测注入层位温度、压力、干度等参数；要求能进行单井和平台油气水量计量。

（四）对后续研究工作要求

①及时进行随钻分析和跟踪研究，完善储层反演成果，根据研究成果对井位和井轨迹进行优化调整。

②在全部开发井完钻后，根据新数据进行精细油藏描述，在此基础上编制投产方案。

第三节　厚层底水油藏开发方案设计——旅大C油田

一、地质油藏概况

（一）勘探历程

旅大C油田位于渤海辽东湾，先后于1993年在探井LD C-1井新近系馆陶组钻遇油气层。DST测试馆陶组获得工业气流，气层之下为稠油，未求得产能。2008年10月，LD C-2井在馆陶组完钻，油层未穿。三次DST测试馆陶组，未求得产能。2013年9月，LD C-3井在馆陶组完钻。热采测试134h，产油138.1m^3，获得工业油流。LD C-4井未钻遇油层。

（二）构造、沉积及储层物性

旅大C油田构造形态完整，主要由断层控制而形成的背斜圈闭。油田主体构造形态整体西高东低，圈闭面积为8.6km^2，高点埋深为1178m，闭合幅度为27m，油水界面埋深为1230m，为底水油藏（见图5-5），底水倍数30倍以上。岩性以石英、长石为主，砂岩成分成熟度低，反映陆上河流中上游辫状河沉积。馆陶组储层具有高孔、高渗特征。孔隙度平均值为32.0%，渗透率平均值为1400mD，岩芯分析表明K_v/K_h在0.6左右，渗透率变异系数在0.7左右。在第二章第二节中，详细分析了该油藏的隔夹层分布情况。

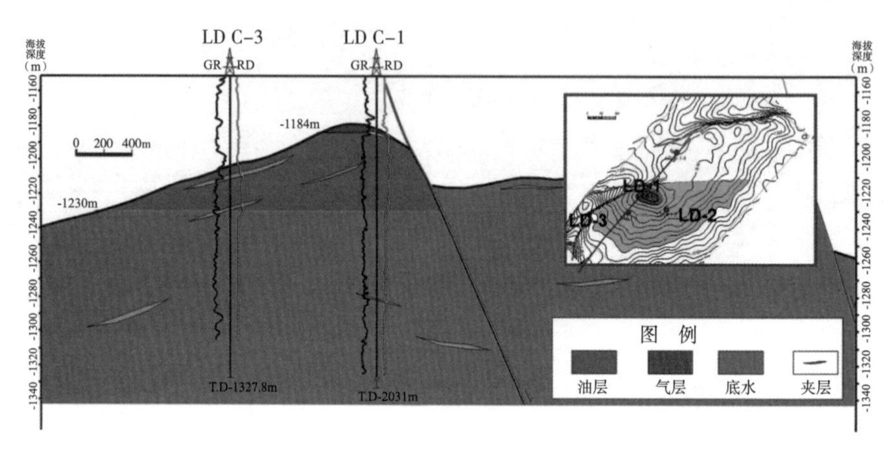

图5-5　旅大C油田馆陶组油藏剖面图

（三）流体性质

旅大C油田地面原油具有“三高一低”的特点，即密度高（20℃地面原油密度为0.997～1.004g/cm^3）、黏度高（50℃地面原油黏度为19060～20400mPa·s）、胶质/沥青质含量高（胶质含量为24.13%～36.54%，沥青质含量为6.31%～10.24%），含硫量低（0.47%～0.49%）。地层条件下气油比为5m^3/m^3，地下原油黏度为15006mPa·s，原油体积系数为1.019。

（四）油藏类型

综合判断旅大C油田馆陶组油藏为高孔高渗块状厚层底水特稠油油藏。

二、基础方案设计

（一）动用储量

根据海上油田热采开发效果预测底水型图（见图4-19），对于地下原油黏度在15006mPa·s的油藏，需要油藏厚度大于28m以上单井累产油量才能大于5×10^{4}m^3（油价100$/bbl下挖潜开发模式蒸汽吞吐开发经济界限），因此，建议布井区域最低高度为30m，即埋深在1200m等高线以内。根据外推半个井距的原则，圈定的基础方案动用储量为1346×10^{4}m^3。

（二）开发方式及井型选择

旅大C油田馆陶组油藏属于特稠油油藏，地下原油黏度为15006mPa·s，根据海上油田热采开发效果预测底水型图，蒸汽吞吐开发效果优于多元热流体吞吐开发，推荐采用蒸汽吞吐方式开发。

该油藏为底水油藏，纵向上仅有1个含油层位，水体倍数大于30倍，采用水平井开发可最大限度地避免底水突进，提高单井日产油量，推荐采用水平井开发，根据南堡35-2油田和旅大-27油田海上热采试验区成果，考虑到辫状河三角洲较强的非均质性，推荐水平井井长为200m，井距为200m。

（三）产能分析

（1）测试资料分析法

通过筛选LD C-3井DST1热采测试数据，选取2013年11月13日和11月14日两段测试平稳的动态数据，计算可得米采油指数平均值为0.33m³/（d·MPa·m）。

厚度取布井范围内的砂体平均有效厚度35.0m。生产压差取值参考海上稠油热采试验区南堡35-2油田南区和旅大27-2油田1308砂体，取3MPa，求得旅大C油田单井产能。经计算，推荐定向井产能为21m³/d，水平井产能为50m³/d。

（2）类比分析法

调研陆地及海上蒸汽吞吐稠油热采油田，筛选出地质油藏参数相似的胜利油田单家寺、冷41块和旅大27-2油田1308砂体（见表5-6）。

表5-6 旅大C油田热采产能、采收率类比分析表

油田/砂体	开发方式	沉积相	水体类型	水体倍数	油藏温度/℃	油藏厚度/m	油藏埋深/m	渗透率/$10^{-3}\mu m^2$	孔隙度/%	井距/m	定向井产能/(m³/d)	水平井产能/(m³/d)	采收率/%
胜利油田单家寺	蒸汽吞吐	河流相、滨浅湖相	边底水	9	54～57	30	1130～1200	3000～9000	32～38	141×100	45	/	试验区26；全区19.5
冷41	蒸汽吞吐	扇三角洲	底水	2	51	80～120	1395～1690	1381	15	100	20～30	/	17.2（11.6周期）
LD27-2-1308	蒸汽吞吐	浅水三角洲	边水	＜5	50	7	1300	3787	34.4	400	/	30～50	/
旅大C油田	蒸汽吞吐	辫状河	底水	30	50	30～46	1209	2954	31	200	20	50	12

胜利油田单2断块S_3^4砂体为具有统一油水系统和厚层活跃边底水及高渗透、低饱和的构造地层特稠油油藏，渗透率为3000～9000mD，油藏厚度为30m，地层原油黏度为2000～3000mPa·s。该油田1984年开始采用蒸汽吞吐试验，加密井网至70m×100m，1992年转蒸汽驱先导试验，1995年实施氮气泡沫压水锥技术。蒸汽吞吐第1周期单井平均日产油45m³。旅大C油田与其相比，两个油田均属中厚层边底水稠油油藏，但旅大C油田地层原油黏度较高（15006mPa·s），井距较大（200m），渗透率偏低（3000mD），因此初步判定旅大C油田定向井产能低于单家寺油田。

冷家堡冷41断块S_3^2砂体为巨厚块状边底水特－超稠油油藏，渗透率为1381mD，油藏厚度为80～120m，地层脱气原油黏度为20000～40000mPa·s。1996年开始蒸汽吞吐，采用100m×100m正方形井网，定向井平均日产油20～30m³。旅大C油田与其相比，渗透率较高（2倍），油藏厚度较薄（1/2～1/3）。因此，根据达西公式初步判断，旅大C油田单井产能与冷41断块相似，考虑大底水影响，定向井产能应略低于冷41断块，取20m³/d。考虑水平井产能是定向井产能的2～3倍，因此水平井产能取为50m³/d。

旅大27−2油田1308砂体为边水稠油油藏，渗透率为3787mD，油藏厚度约7m，地层原油黏度为2337mPa·s，井距为400m，2013年年底开始蒸汽吞吐先导试验，目前2口井进入热采阶段，单井日产油30～50m³。旅大C油田与其相比，油层厚度相对较厚（4～6倍），地层原油黏度远大于旅大27−2油田（15倍），但井距相对旅大27−2油田较小（1/2）。结合大底水影响，初步判定旅大C油田水平井产能与1308砂体相似，即30～50m³/d。

对比发现，尽管油田之间物性参数有所差异，但蒸汽吞吐水平井产能平均为40～90m³/d，考虑旅大C油田大底水和高黏度的影响，综合推荐旅大C油田蒸汽吞吐水平井产能为50m³/d。

（3）注入能力分析

在LD C−3井的实际测试过程中，日注入量稳定为110～120m³，因此，考虑水平井产能是定向井产能的2～3倍，水平井的注入能力应高于250m³/d。由于目前海上小型化蒸汽发生器的注入能力在250m³/d左右，推荐日注入量为250m³/d。

（四）采收率分析

（1）公式计算法

采用热采采收率经验公式甲、热采采收率经验公式乙和赵洪岩公式［式（3-19）~式（3-21）］，进行采收率预测，计算得到的采收率分别为21.2%、24.0%、11.8%。由于旅大C油田净总比h_r为0.86，而式（3-19）和式（3-20）适用条件为净总比h_r小于0.75。并且，式（3-19）和式（3-20）不考虑井距（基于陆地油田70m密井网回归），而赵洪岩公式考虑了不同井距的影响，因此，推荐赵洪岩公式计算数值，即蒸汽吞吐采收率11.8%（见表5-7）。

表5-7 旅大C油田热采经验公式（吞吐）法采收率计算表

净总比 h_r/F	油层厚度 h/M	油藏中深 D/M	渗透率 K/10^{-3} μm²	原油黏度（μ_o/μ_o）/ mPa·s	初始含油饱和度S_o/f	孔隙度 Φ/f	井距 d/M	蒸汽吞吐采收率/%		
								可采标准	刘斌	赵洪岩
0.86	35	1209	2954	15005	0.63	0.31	200	21.2	24.0	11.8

（2）相似油田类比法

调研陆地典型蒸汽吞吐底水稠油油田，通过筛选，选定胜利油田单家寺油田及辽河油田冷41块。

如前所述，旅大C油田与胜利油田单家寺油田相比，油藏埋深、油层厚度、渗透率、孔隙度等地质油藏特征较为相似，但单家寺地层原油黏度仅为2000~3000mPa·s，远小于旅大C油田地层原油黏度15006mPa·s，单家寺油田水体倍数较小（9倍），且井网密度大于旅大C油田（单家寺油田71口/km²，旅大C油田折算成直井为50口/km²）。因此，旅大C油田蒸汽吞吐采收率应小于单家寺油田采收率。

冷41块与旅大C油田相比，冷41块渗透率、孔隙度较小，仅为旅大C油田对应物性的一半，且地层原油黏度较高，但该区块油藏厚度较厚（80~120m），水体倍数（2倍）远小于旅大C油田，且井网密度是旅大C油田的2倍（100口/km²）。因此，初步判断旅大C油田采收率应小于冷41块采收率。

通过以上分析，综合考虑大底水和高黏度影响，结合公式法计算结果，类比法采用的采收率标准为12.0%。

（3）数值模拟法

数值模拟研究表明：旅大C油田馆陶组，蒸汽吞吐开采8个周期，累产油量为$6.7\times10^4m^3$，动用储量采出程度为10.0%。

（4）采收率确定

通过公式计算法、相似油田类比法和数值模拟法，推荐采用数值模拟法结果，即旅大C油田采收率推荐值为10.0%。

三、开发方案优化

根据油田的地质特征，从已建立的整体地质模型中提取单井模型，进行了下列各类参数的优化研究。

（一）布井区域

分别选取不同构造位置的井，对比其开发效果发现，位于气顶区（油层厚度45m）、油层厚度40～45m处、油层厚度35～40m处和油层厚度30～35m处的吞吐井，8周期平均单井累产油分别为$8.5\times10^4m^3$、$6.0\times10^4m^3$、$5.6\times10^4m^3$和$4.4\times10^4m^3$。位于油层厚度30～35m处的吞吐井单井平均累产油低于海上热采挖潜开发模式经济极限产量$5\times10^4m^3$（油价100$/bbl），故布井区域选择油层厚度30m及以上区域，并去掉单井累产少于$5\times10^4m^3$的低效井。

（二）避水高度

考虑到底水油藏热采中存在蒸汽超覆和底水锥进双重因素的影响，需要对水平井的纵向布井位置进行优化。定义无因次避水高度为吞吐井距油水界面的高度除以油层总厚度，选择无因次避水高度分别为0.35、0.50、0.65、0.80和1.00，通过模拟得到各情况单井累产油分别为$6.2\times10^4m^3$、$8.5\times10^4m^3$、$9.2\times10^4m^3$、$8.8\times10^4m^3$和$6.7\times10^4m^3$。当无因次避水高度为0.65时，开发效果最好，故选择最优无因次避水高度为0.65左右，即厚度为35m的油层，水平井应布在距油水界面23m处。

（三）井底注汽温度

设计井底注汽温度分别为280℃、300℃、320℃、340℃和360℃，通过模拟得到各注汽温度下单井累产油分别为$9.0\times10^4m^3$、$9.1\times10^4m^3$、$9.2\times10^4m^3$、$9.2\times10^4m^3$和$9.3\times10^4m^3$。可见，注汽温度增加，开发效果略有改善，考虑到目前设备能力，推荐井底注汽温度为340℃。

（四）井底注汽干度

设计井底注汽干度分别为0、0.3、0.5、0.7和0.9，通过模拟得到各注汽干度下单井累产油分别为$8.8 \times 10^4 m^3$、$9.1 \times 10^4 m^3$、$9.3 \times 10^4 m^3$、$9.4 \times 10^4 m^3$和$9.5 \times 10^4 m^3$。可见，注汽干度增加，开发效果略有改善，考虑到目前设备能力及油藏深度，推荐井底注汽干度为0.4。

（五）周期注汽量

设计周期注汽量分别为$4500m^3$、$5000m^3$、$5500m^3$、$6000m^3$和$6500m^3$，通过模拟得到各周期注汽量下单井累产油分别为$9.0 \times 10^4 m^3$、$9.1 \times 10^4 m^3$、$9.2 \times 10^4 m^3$、$9.2 \times 10^4 m^3$和$9.3 \times 10^4 m^3$。可见，周期注汽量增加，开发效果略有改善，但影响程度不大，参考南堡35-2油田和旅大27-2油田的周期注入量，推荐周期注汽量为$5500m^3$。

（六）焖井时间

设计焖井时间分别为1d、2d、3d、4d和5d，通过模拟得到各焖井时间下单井累产油均为$9.2 \times 10^4 m^3$左右。由此可见，焖井时间对开发效果影响程度不大，考虑到降低蒸汽吞吐初期含水，使油藏中实现充分热交换，推荐焖井时间为3d。

（七）生产阶段最小井底流压

设计生产阶段最小井底流压分别为2MPa、5MPa、7MPa、9MPa和11MPa，通过模拟得到各井底流压下单井累产油分别为$9.2 \times 10^4 m^3$、$6.7 \times 10^4 m^3$、$4.9 \times 10^4 m^3$、$2.9 \times 10^4 m^3$和$1.1 \times 10^4 m^3$。可见，生产阶段最小井底流压越大，排液能力越低，累产油随之越低，开发效果也就越差，推荐生产阶段最小井底流压为2MPa。

（八）周期时间

设计周期间分别为3个月、6个月、9个月和12个月，通过模拟得到各周期时间下单井累产油分别为$2.6 \times 10^4 m^3$、$8.6 \times 10^4 m^3$、$10.1 \times 10^4 m^3$和$10.2 \times 10^4 m^3$。可见，周期时间越大，开发效果越好，为了充分利用水体能量，增加油汽比，推荐周期时间为12个月。

四、推荐方案

结合地质研究、油藏工程分析和油藏数值模拟结果，推荐方案如下。

①动用油柱高度30m以上的区域储量，动用地质储量为$1064.0\times10^4m^3$，动用比例为35%。

②蒸汽吞吐开发：共布水平吞吐井16口，平均单井控制储量为$66\times10^4m^3$，井长为200m，井距为200m，距离断层100m以上，井位尽量平行于构造线，水平井无因次避水高度在0.65左右，即水平井距油水界面19.5m以上，井位图如图5-6所示。

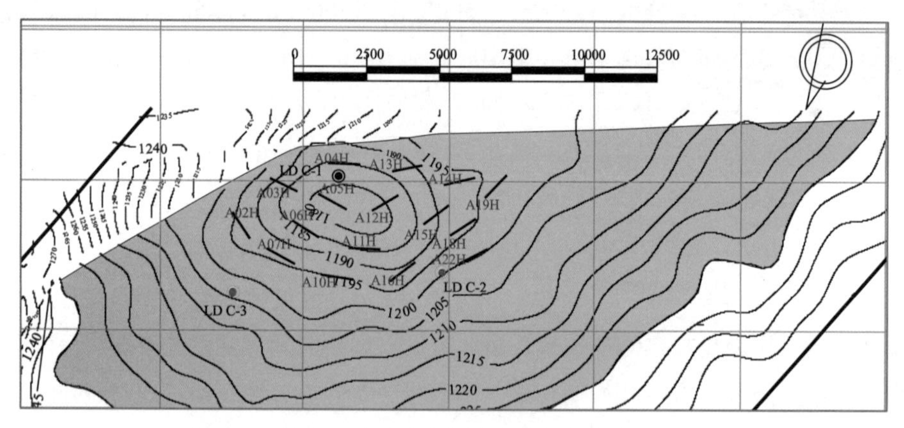

图5-6　旅大C油田馆陶组油藏推荐方案井位部署图

③推荐注入温度340℃，注入干度0.4，焖井时间3d，周期累计注入量$5500m^3$，平均每米水平井长度注汽量$22m^3$，生产阶段最小井底流压为2MPa，总共吞吐8轮次，每轮次1年。

④设计水平吞吐井初期产能为$50m^3/d$，全区高峰年产为$24.8\times10^4m^3$，动用储量高峰采油速度为2.3%。在吞吐8周期后，全区累产油量$107.8\times10^4m^3$，平均单井产油量$6.7\times10^4m^3$，动用储量采出程度10.0%。

五、开发潜力与风险

（一）潜力分析及高方案

该油田的潜力主要包括以下方面。

①可能存在沥青壳，对底水存在天然的遮挡作用。

辽河杜84油田馆陶组生产数据已证实沥青壳的存在，其厚度在2m左右，主要形成原因为原油在与水体的长期接触过程中被水体中溶解的氧气氧化。目前无法从测井曲线上进行识别。由于存在该沥青壳，馆陶组在实际生产中压差

3MPa左右未发现明显的顶、底水锥进现象，保证了热采开发效果。该油田采用蒸汽吞吐开发，井距70m，预测吞吐采收率在35.5%左右，明显高于同为底水油藏的冷41和单家寺单2断块。

旅大C油田下伏底水规模大，有可能存在沥青壳，但需要生产数据的证实。

②该油田油层厚度30m以下尚有大量储量未被动用，随着海上稠油热采技术的进步，成本逐渐降低，热采开发经济界限有可能下降，动用范围可能会扩大。

经过分析，推荐该油田的高方案为存在沥青壳时的情况。在此种情况下，设置沥青壳厚度为2m，分布在油水界面以上（沥青壳在原始油藏温度时没有流动能力，温度升高后可以流动）。这种情况下预测的高方案为吞吐8周期累产油量为$145.0\times10^4m^3$，采出程度为13.6%，折合单井累产油量为$9.1\times10^4m^3$。

（二）风险分析及低方案

冷采测试无产能，多元热流体热采测试表现为供液不足，考虑到该油田属于特稠油油田，原油黏度高，可能存在较高的启动压力梯度。

由于在目前的数值模拟器中不能实现启动压力梯度的模拟，故我们通过高温相渗的设置间接实现启动压力梯度（具体做法详见第四章第一节的“特、超油启动压力梯度等效实现技术”）。

经过分析，推荐该油田的低方案为考虑启动压力梯度时的情况。计算的吞吐8周期累产油量为$37\times10^4m^3$，采出程度为3.5%，平均单井累产油量为$2.3\times10^4m^3$。

六、方案实施要求

（一）钻完井要求

①钻井顺序：先钻A14H井领眼A14HP1，落实LD C-1、LDC-2井以东构造计算线以西的油水界面；第二口井钻水源井A17；第三口井钻A5H，考虑到该井距LD C-1井最近，风险较小。之后根据钻遇情况按照高部位至低部位逐步钻井实施。

②钻采工艺和质量：井身结构满足后期侧钻的要求；开发井采用预应力完井后及时排污，防止储层污染，降低附加表皮系数，水平井表皮系数不大于5；

固井水泥应全井段封固，并考虑注热工艺对固井质量的影响，确保固井质量，以防止油、气、水层互窜；采用适合热采工艺的套管材质及防砂方式，保证井筒完整和防砂有效期。

③采油工艺：注采管柱满足常规录取资料的要求，能够计量井底的温度、压力；选择合适的井筒隔热工艺和热采举升方式；当使用化学剂时，必须做配伍性实验，保证对油层不产生伤害及对原油的后期处理无影响。

（二）工程要求

平台需满足采用蒸汽吞吐开发需求，井底温度不低于340℃，井底干度不低于0.4，预留4个井槽。

（三）录取资料要求

水平井采用随钻测井，全井段进行自然伽马－电阻率测井，油层段增加中子－密度测井；要求能进行单井和平台油气水量计量。

（四）地质油藏要求

①及时进行随钻分析和跟踪研究，完善储层反演成果，根据研究成果对井位和井轨迹进行优化调整；

②在全部开发井完钻后，根据新数据进行精细油藏描述，在此基础上编制投产方案；

③在油田投产后，加强生产监测。

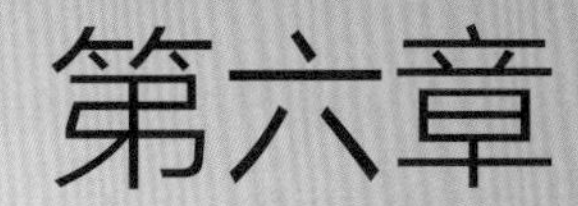

第六章

海上稠油热采新技术探索

第一节 海上油田SAGD开发技术

块状特、超稠油油藏原油黏度高、油藏厚度大，陆地油田普遍采用SAGD方式进行开发。SAGD开发具有单井产能高、采收率高等优势。本节以海上块状底水特稠油旅大C油田为例，结合加拿大油砂SAGD开发研究成果，研究海上SAGD开发的关键影响因素，预测开发指标，为该油田合理的开发方式选择提供技术依据。

一、SAGD开发的关键因素

根据加拿大油砂SAGD开采经验和主要商业化SAGD项目总结，确定SAGD开发的主要技术界限为：油藏埋深小于1000m，油藏压力小于8MPa，连续油层厚度大于15m，孔隙度大于20%，水平方向渗透率大于500mD，K_v/K_h大于0.35，净总厚度比大于70%，地层温度下的原油黏度大于5000mPa·s。

通过对比SAGD规范和杜84[36]油田地质油藏参数（见表6-1），旅大C油田在油层厚度、孔隙度、渗透率、水垂比、净总厚度比、原油黏度等方面符合SAGD开发的要求；而埋藏深、原始地层压力大、存在气顶是实施SAGD开发的限制因素。同时，该油田3口探井/评价井均钻遇隔夹层，隔夹层的分布模式也在一定程度上影响SAGD开发的效果，因此我们从埋藏深度、气顶和隔夹层分布模式数值模拟计算结果对SAGD开发效果的影响进行重点分析研究。

表6-1 旅大C油田与SAGD筛选标准及杜84块对比

指标	SAGD规范	杜84 馆陶组	杜84 兴VI组	旅大C油田
油层深度/m	<1000	530～640	750～800	1184
连续油层厚度/m	>15	88～94	50～70	46
孔隙度/%	>20.0	36.3	27.0	32.0

续表

指标	SAGD规范	杜84 馆陶组	杜84 兴VI组	旅大C油田
K_h/mD	＞500	5540	1920	3500
K_v/K_h	＞0.35	＞0.70	0.56	0.60
净总厚度比	＞0.70	＞0.80	＞0.80	0.85
含油饱和度/%	＞50	＞65	＞60	61～65
油藏压力/MPa	＜8.0	6.0～6.5	7.4	11.7
气顶厚度/m	＜2.0	无	无	部分区域
地层温度下的原油黏度/（10^4mPa·s）	＞0.5	23.2	16.8	1.5

（一）气顶

蒸汽较易进入气顶，而气顶属于漏失层，消耗了蒸汽的热焓，不能起到加热油层的作用。在没有气顶的情况下，蒸汽腔最初主要以垂向发育为主，横向发育程度很低；当蒸汽腔发育到构造顶部的时候，开始横向发育，并逐渐形成较为规则且稳定的斜面泄油；当有气顶时，蒸汽可能会因为压力差而向气顶处逸散，降低蒸汽效率，减少累计油汽比（见表6-2）。因此在筛选SAGD项目的区块时需避开带有气顶的区域进行。

表6-2　有无气顶方案生产指标对比表

气顶	累注汽/10^4t	累产液/10^4t	累产油/10^4t	累积油汽比/（m^3/m^3）	采出程度/%
有（3m）	84.8	122.3	8.8	0.10	46.5
无	65.3	87.2	9.8	0.15	51.6

（二）埋藏深度

油藏深度主要影响蒸汽注入压力、井筒热损失和蒸汽相态。油藏埋藏深度越小，蒸汽在注入过程中的沿程热损失越小，井底蒸汽干度相对较高，蒸汽潜热越高，开发效果越好。以杜84块（埋深800m）地层深度与旅大C油田（埋深1200m）对比，埋藏深度越浅，累产油量、累积油汽比以及采出程度均越高（见表6-3）。

表6-3　不同原始地层压力生产指标对比表

埋藏深度/m	累注汽/10^4t	累产液/10^4t	累产油/10^4t	累积油汽比/（m^3/m^3）	采出程度/%
800	78.1	121.7	9.4	0.12	53.0
1200	84.8	122.3	8.8	0.10	46.5

数值模拟结果表明，旅大C油田的热效率、油汽比等指标只有浅层、低压SAGD的40%～50%。油藏埋藏深、原始地层压力大对实施SAGD并不构成技术上的绝对障碍，但会因热效率低导致经济效益差，尤其在低油价下可能无法赢利。

（三）隔夹层分布模式

在SAGD的开发过程中，如果油层空间广泛分布隔夹层，将降低蒸汽潜热的热利用率，特别是对隔夹层厚度大、延伸长度较长、隔夹层频率较大的油藏，将影响蒸汽腔的发育，进而影响蒸汽的波及体积。

（1）隔夹层位于油藏顶部

当有隔夹层时，蒸汽腔发育程度及温度均低于无隔夹层的情况（见图6-1、图6-2）。由于隔夹层的存在，蒸汽腔在发育到顶部隔夹层后，蒸汽沿隔夹层下部横向拓展，并通过热传导作用继续加热隔夹层上部的原油。由于隔夹层在整个模型顶部普遍存在，蒸汽腔无法直接扩展到构造顶部，顶部原油无法动用，因而SAGD开发效果较差（见表6-4）。

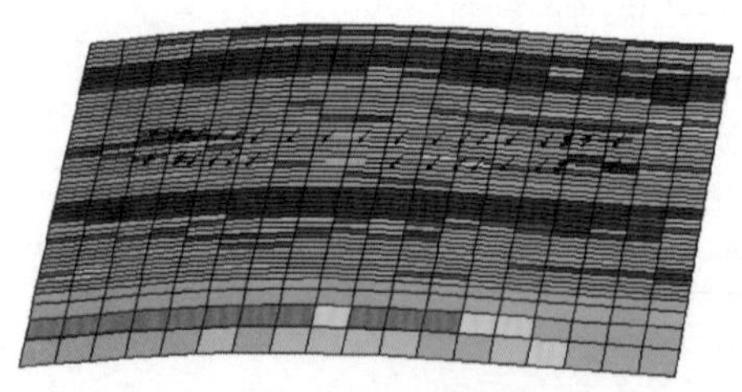

图6-1　隔夹层模型渗透率剖面图

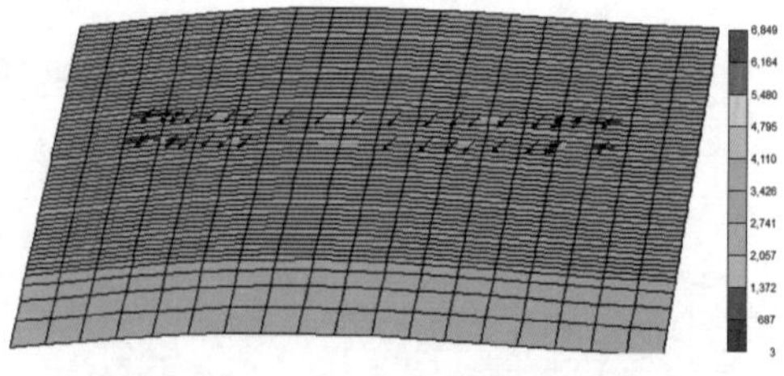

图6-2　无隔夹层模型渗透率剖面图

表6-4　不同隔夹层方案生产指标对比表（隔夹层在顶部）

隔夹层	储量/10^4t	累注汽/10^4t	累产液/10^4t	累产油/10^4t	累积油汽比/（m^3/m^3）	采出程度/%
有	16.1	37.2	47.6	5.8	0.16	35.8
无	21.0	75.4	107.9	10.0	0.13	47.8

（2）隔夹层位于两井中间

位于两井之间的隔夹层较薄，且不连续，因而并未起到封隔的作用（见图6-3、图6-4）。蒸汽腔在发育到顶部的隔夹层后，先沿隔夹层下部向前推进，此时产油量不再上升。但当蒸汽腔横向发育至隔夹层边缘后，向上发育，加热并驱替隔夹层上方原油，产油量增加，因而产油量曲线出现两个波峰。由于顶部隔夹层的存在，产油量和采出程度低于无隔夹层的油藏开发效果（见表6-5）。

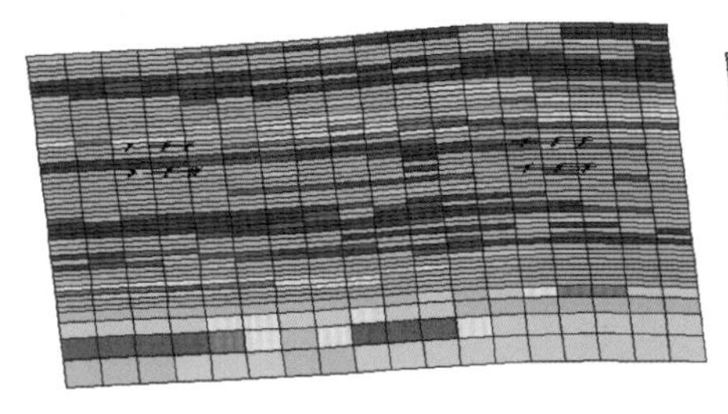

图6-3　隔夹层模型渗透率剖面图

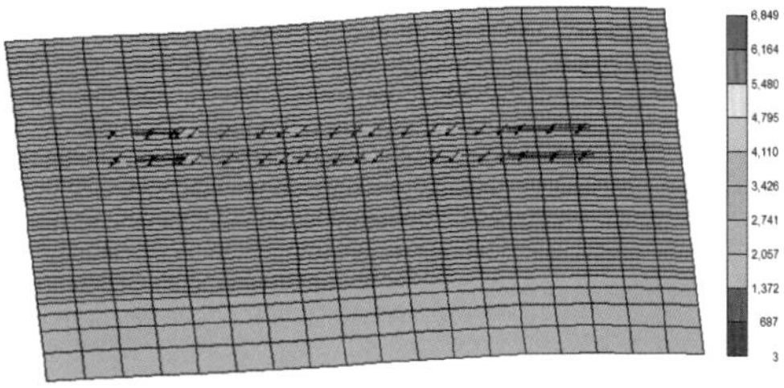

图6-4　无隔夹层模型渗透率剖面图

表6-5　不同隔夹层方案生产指标对比表（隔夹层在井中间）

隔夹层	储量/10^4t	累注汽/10^4t	累产液/10^4t	累产油/10^4t	累积油汽比/（m^3/m^3）	采出程度/%
有	16.1	49.6	58.4	7.0	0.14	43.1
无	15.9	42.2	53.5	7.2	0.17	45.2

二、旅大C油田SAGD注采参数研究及指标预测

蒸汽腔的形成和发育是水平井SAGD成功的关键，合理的井位部署和注采参数是SAGD操作成功与否的关键。其中，注采井位部署研究包括SAGD布井区域优化、井型、注采井垂向间距、横向间距、水平段合理长度等。注采参数研究包括注汽速度、注汽压力、排液速度及注汽干度等。

（一）布井区域

SAGD过程是以流体的重力为动力，油柱高度越大，重力作用越明显，油柱高度越小，重力作用越弱，上部盖层的热损失增大。模拟结果表明，随着油柱高度的增加，产油量和采出程度增加，当油柱高度超过40m，产油量和采出程度增加幅度减缓（见表6-6）。在加拿大长湖油田油砂SAGD开发中，开发效果Ⅰ类井对应的油柱高度一般在30m以上。

表6-6　不同油柱高度生产指标对比表

油柱高度/m	储量/10^4t	累注汽/10^4t	累产液/10^4t	累产油/10^4t	累积油汽比/（m^3/m^3）	采出程度/%
20	8.3	33.8	46.1	3.0	0.09	36.6
30	12.4	54.7	82.9	4.7	0.09	38.1
40	16.5	84.8	123.3	8.2	0.10	49.5
46	19.0	84.8	122.3	8.8	0.10	46.5

（二）合理避水高度

SAGD是依靠重力泄油的开发方式，动用储量在井上方，因此避水高度越大，重力泄油的可动储量越小。随着避水高度的增加，累产油量和累积油汽比以及采出程度均呈下降趋势，避水高度5m效果最好（见表6-7）。考虑到沥青壳被加热后将减弱其阻挡底水的效果，发生水侵的风险增大，因而推荐避水高度为10m。加拿大油砂SAGD开发底水油藏的避水高度一般大于5m，考虑到旅大C油田原油黏度低于加拿大油砂，水体倍数明显大于绝大多数已开发的加拿大油砂项目，因此推荐旅大C油田的避水高度为10m。

表6-7　不同避水高度方案生产指标对比表

避水高度/m	累注汽/10^4t	累产液/10^4t	累产油/10^4t	累积油汽比/（m^3/m^3）	采出程度/%
5	78.7	118.5	9.1	0.12	48.1
10	84.8	122.3	8.8	0.10	46.5
15	85.2	117.2	8.7	0.10	45.6
20	85.6	110.4	8.4	0.10	44.0

（三）合理井距

井距是指SAGD双水平井对之间的距离。随着井距增大，单井控制储量增加，生产时间增加，累产油量增加。当井距超过100m，增油量降低，推荐合理井距为100m（见图6-5）。加拿大已开发项目井距一般为75～150m，平均为100m；国内陆上油田SAGD井距一般为100m左右。根据海上油田开发的特点，推荐初始井距为200m，后期可根据生产情况加密至100m。

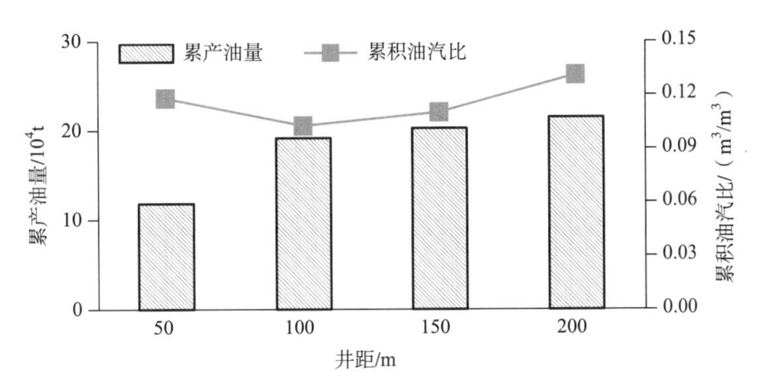

图6-5　不同井距的累产油量和累积油汽比曲线

（四）合理注采间距

注采间距是指SAGD井组注汽水平井与采油水平井之间的垂向间距。双水平井SAGD预热效果以及汽液界面的控制难易程度均与注采间距相关。注采井间的垂向距离太小，汽液界面很难控制，蒸汽容易直接产出；但若注采间距太大，注采井间很难形成热连通，重力泄油速度慢，生产时间长，采油速度降低。加拿大油砂SAGD开发注采井距一般为5m，辽河杜84块馆陶组双水平井SAGD注采井距为3～5m。风城油田双水平井注采间距为5m。由于旅大C油田地层压力大，注入蒸汽干度较低，因此适当增大注采井间距可以降低注采井间液面的控制难度。数值模拟结果表明，随着注采井间距的增大，累产油量先增大后降低，在7m时效果较好（见图6-6）。

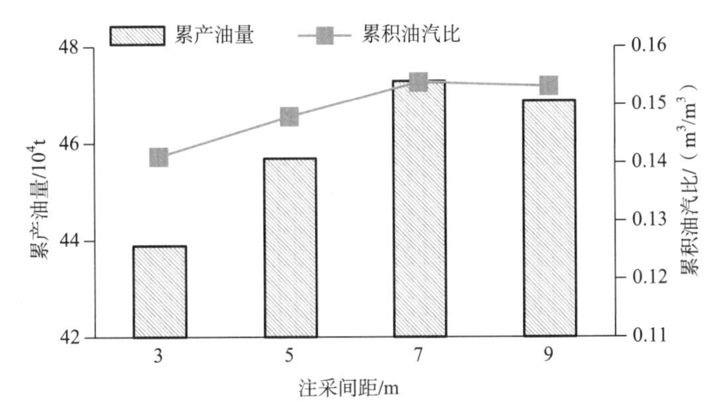

图6-6　不同注采间距的累产油量和累积油汽比曲线

（五）水平井合理长度

水平段的长度对单井控制储量、水平井产能、开发效果以及经济效益都有很大影响，同时油井的排液能力受制于水平井段长度，而且水平井筒内沿井段方向存在压力降，因此需优化水平段长度。数值模拟结果表明，随着水平段长度的增大，排液能力增加，累产油量逐渐增大，当水平段长度超过400m时，增油量降低。在SAGD钻井过程中，水平井段长度越长，趾端的蒸汽干度越低，同时考虑到旅大C油田非均质性较强，因而选择水平井的设计长度在400m左右（见图6-7）。

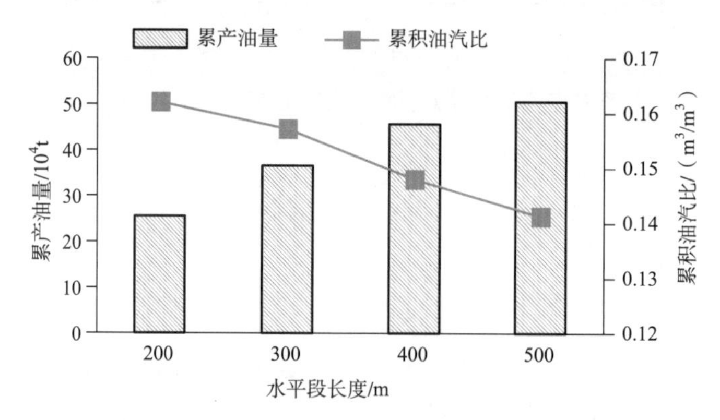

图6-7　不同水平段长度的累产油量和累积油汽比曲线

（六）注汽速度及注入压力

注汽速度对于保证井底蒸汽干度至关重要，在蒸汽腔发育初期，注汽速度应尽可能大一些，以保证蒸汽腔的形成。当注汽速度增大到一定程度时，随着蒸汽的不断注入，大量热量被产出液带走，而没有得到充分的利用。随着注汽速度的增大，累产油量增加，累积油汽比降低。因此，注汽速度应保持在350m^3/d左右（见图6-8），该值与辽河杜84块馆陶组注汽速度（300～400t/d）相当。

（七）生产井合理产量

SAGD开发需要生产井有足够的排液能力，注采平衡，压力稳定。排液能力太低，将导致冷凝液体聚集在生产井的上方，使液面上升，注采井间的蒸汽带变为液相带，含水率上升，驱油能力降低；排液能力太大，重力驱油就不能补偿产量，大量蒸汽被直接采出，降低热利用率。数值模拟结果表明，随着生产井产量的增大，采注比增加，SAGD阶段的累产油量增加，但当产量超过525m^3/d后，增油量降低。因而优选产量525m^3/d，即采注比为1.5（见图6-9），辽河杜84块馆陶组采注比为1.4。

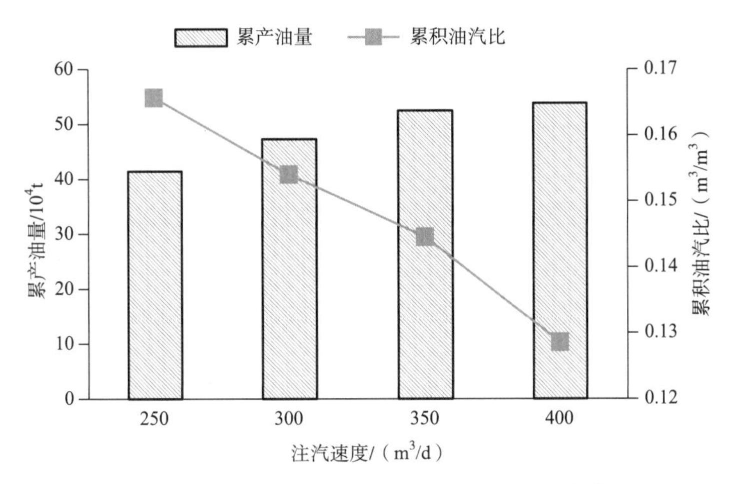

图6-8　不同注汽速度的累产油量和累积油汽比曲线

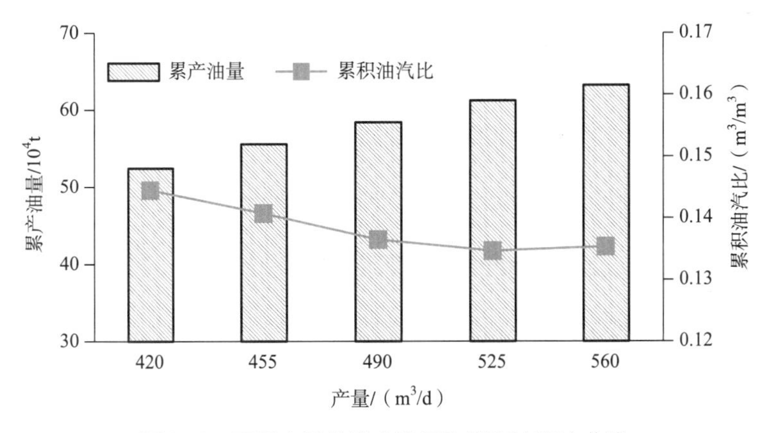

图6-9　不同产量的累产油量和累积油汽比曲线

（八）井口干度

蒸汽的干度是指单位体积饱和蒸汽中干蒸汽所占的百分数。蒸汽的比容与热焓随着注入蒸汽干度的提高而变大。随着蒸汽干度的提高，注入热量更加有效地加热油层，使得原油黏度大幅度降低，提高驱油效率，SAGD开发效果越好。为保证SAGD 阶段具有较高的采出程度和经济效益，要求蒸汽干度不低于80%（见图6-10）。辽河杜84块馆陶组双水平井SAGD，在水平井预热阶段，水平井跟端蒸汽干度大于60%。在SAGD阶段，要求井底蒸汽干度不低于70%，加拿大SAGD区块井底干度一般在80%以上。

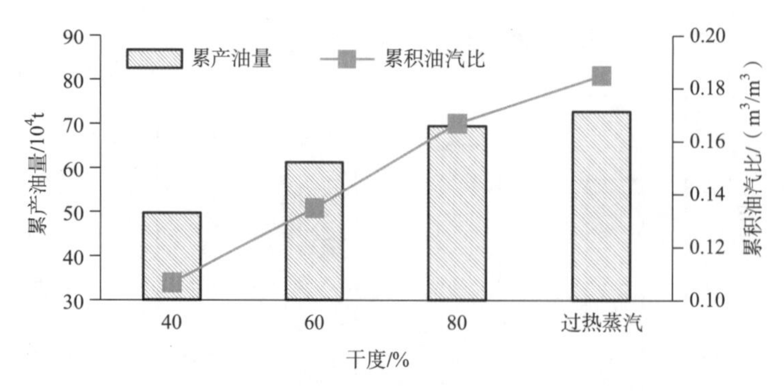

图6-10　不同产量的累产油量和累积油汽比曲线

三、热采开发方式对比

根据SAGD油藏筛选标准以及影响SAGD蒸汽腔形成的地质油藏因素研究结果，选取避开气顶区域，油藏厚度高于30m的区域，作为全油田SAGD开发的研究对象，模型中部署双水平井SAGD井对14组（见图6-11），动用地质储量$1064\times10^4m^3$。

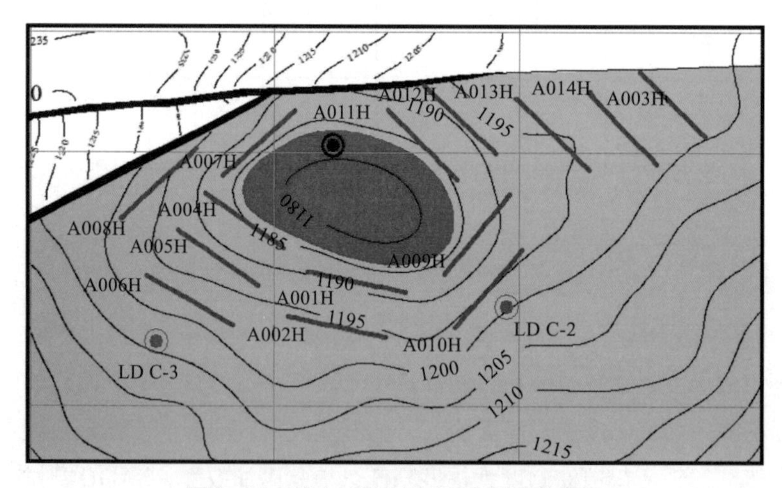

图6-11　旅大C油田SAGD井网分布图

SAGD开发10年，累注汽$788\times10^4m^3$，累产液$1042\times10^4m^3$，累产油$180\times10^4m^3$，累积油汽比$0.23m^3/m^3$，阶段采出程度17.1%（见图6-12）。

对蒸汽吞吐和SAGD开发效果进行了对比。其中，蒸汽吞吐共布水平井16口，井位图如图5-6所示，其他具体指标见第五章第三节的“推荐方案”部分。SAGD共布井对14组，井位图如图6-11所示，平均单井对控制储量$75.0\times10^4m^3$，井长为200m，井距为200m，距离断层100m以上，推荐注入干度为0.7，注汽速度为300～400t/d，采注比为1.4，开发10年。对比开发效果（见图6-13）可以看出，在相同时间（蒸汽吞吐8周期）后，蒸汽吞吐累产油$107.8\times10^4m^3$，平均单井累产油$6.7\times10^4m^3$（16口吞吐井），而SAGD累产油$121.0\times10^4m^3$，平均单井对2口井累产油仅$8.6\times10^4m^3$，故蒸汽吞吐开发效果优于SAGD，主要原因是油藏压力大、底水能量大、隔夹层发育会严重阻碍SAGD蒸汽腔的发育。综合以上研究成果结果，推荐旅大C油田使用蒸汽吞吐方式开发。

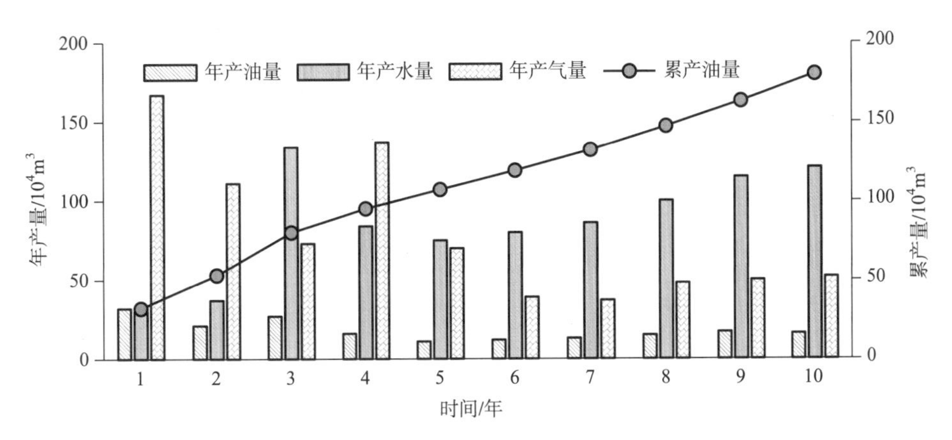

图6-12　旅大C油田SAGD全油田预测年产量和累产油量

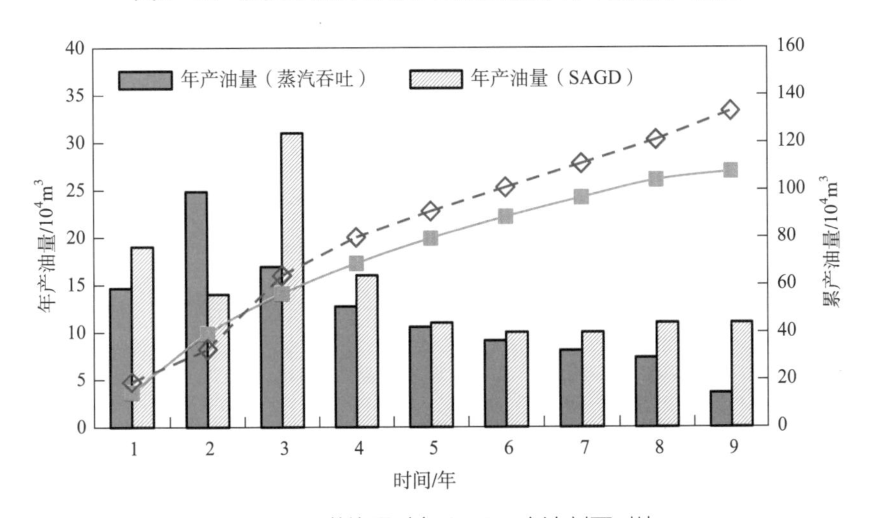

图6-13　蒸汽吞吐与SAGD产油剖面对比

第二节　海上火烧油层开发技术

一、火烧油层海上应用技术优势分析

（一）火烧油层技术原理及应用案列

火烧油层是一种具有明显技术优势和潜力的热力采油方法，其驱油原理是向井下注入空气、氧气或富氧气体，依靠自燃或利用井下点火装置点火燃烧，使其与油藏中的有机燃料（焦炭）反应，借助生成的热量开采未燃烧的稠油。火烧油层技术[37, 38]于1920年在美国获得专利，而业界认为第一次真正的火烧油层工艺试验是于1950～1951年在美国进行的。20世纪50年代以后，美国已经开展了160多个火烧油层现场先导试验项目。前苏联、荷兰、罗马尼亚、匈牙利、德国、印度等40多个国家先后开展了火烧油层开发技术的相关工作。火烧油层成功案例主要参数如表6-8所示。从1958年起，我国先后在新疆克拉玛依、玉门、胜利、吉林、辽河等油田开展火烧油层现场试验，火烧油层现场试验初步见效。因受当时条件的限制，大多现场试验停滞，最后以失败告终。当火烧油层项目在我国停滞20多年以后，又先后在胜利郑408、辽河杜66、高3-6-18、新疆红浅等油田开展现场试验，取得了较好的开发效果，该技术已成为辽河油田注蒸汽后重要的接替技术。截至2017年年底，火烧油层技术已建成了30×10^4t的产量规模。

表6-8　火烧油层成功案例油藏参数

油田名	罗马尼亚Suplacu	印度Balol	辽河杜66块	新疆红浅1
沉积相	海岸泻湖相沉积		三角洲前缘相沉积	辫状河流相沉积
埋深/m	35～220	1049	800～1200	525
储量/10^4m^3	3900	2217	3971	42.5
平均孔隙度/%	32	28	26	25

续表

油田名	罗马尼亚Suplacu	印度Balol	辽河杜66块	新疆红浅1
平均渗透率/mD	2000	10000	774	582
原始油藏压力/MPa	0.4～2.2	10.5	10.8	6.4
原始油藏温度/℃	18	70	47	24
有效厚度/m	10.1	6.5	44.5	8.2
原油黏度/mPa・s	2000	50～450	300～2000	10000
总井数/口	720（有效生产）		564	49
井网形式	线性井网	线性井网	面积井网	面积-线性
井距/m	100×100	300×300	100×140	70×70
单井控制储量/10^4m^3	2.4	11.5	7.4	0.6（实施火驱时）
油田高峰产能/（$10^4m^3/a$）	50	10	3.2（目前）	1.5（目前）
高峰采油速度/%	1.3		1.0（目前）	3.5（目前）
单井高峰产能/（m^3/d）	3	40	3	5
单井平均累产/10^4m^3	0.7			
平均空气油比/（Nm^3/m^3）	2093	985	638	2800

（二）海上应用技术优势

火烧油层技术与其他强化采油技术相比，具有明显的优势，在海上应用该技术的优势更为突出，主要概括为以下几点。

①注入介质成本低。海上平台缺乏淡水，蒸汽和多元热流体均以水作为热介质，需要高品质的淡水资源。海水淡化或地层水处理均需投入较多的处理费用，而火烧油层以空气为注入介质，获取方便，价格低廉。以南堡35-2油田第二轮多元热流体吞吐开发效果折算，生产1t油需要0.3m^3水、10.2kg柴油和103m^3空气，第三、四轮开发效果会逐渐变差；而同阶段火烧油层仅需1100m^3空气，火烧油层开发全过程的预测累计空气油比为2227m^3/m^3。

②热利用率高。受到平台位置限制，海上油田井型主要以定向井或水平井为主，其开发井斜深远大于垂深。南堡35-2油田目前的热采井平均测深是垂深的2倍以上，平均测深接近2000m，井筒热损失更大。火烧油层技术为油层内就地燃烧，极大地提升了热利用率。

③采收率高。火烧油层的采收率一般在50%以上，而海上特殊稠油油藏热采吞吐开发采收率在20%左右，吞吐后实施火烧油层有30%左右的提高采收率幅度；海上常规水驱采收率在30%左右，水驱后实施火烧油层有20%左右的提高采收率幅度。

④平台设备精简。相对于多元热流体和蒸汽吞吐开发，火烧油层技术无须在平台上安置蒸汽锅炉或多元热流体发生器，无须相应的水处理设备、平台制氮设备（用于井筒环空隔热），在一定程度上减少了设备投资和平台面积；另外，由于生产井温度较低（根据模拟情况生产井井底温度在100℃以内），可以降低采油树设备的耐温级别。

⑤产出原油易于处理及储运。火烧油层地下高温氧化燃烧形成裂解产物，直接在地下对稠油进行改质，采出原油黏度降低、品质提升，在一定程度上解决了海上特殊稠油产出液处理及储运复杂的问题。

二、海上典型稠油油田火烧油层油藏方案研究

南堡35-2油田南区多元热流体吞吐先导试验目前已进入到三轮吞吐阶段，大部分热采井井底流压已下降至2.5MPa以下，部分单井控制储量采出程度已达20%以上，急需开展多元热流体吞吐后接替技术研究。多元热流体中含有大量的烟道气体，在吞吐过程中热采井容易发生较为严重的气窜现象，从而无法实施多元热流体驱。考虑到平台已安装用于多元热流体吞吐的空气压缩机，为充分利用现有设备，研究人员探索研究了多元热流体吞吐后火烧油层方案，通过数值模拟技术预测了海上稠油油田火烧油层开发指标，分析了海上开展火烧油层技术的优劣势和需要进一步突破的瓶颈技术。

使用CMG油藏数值模拟软件STARS模块拟合南堡35-2油田油样一维燃烧管实验结果，确定数值模拟中的关键技术参数。

（一）燃烧管实验数值模型建立

建立一维径向模型，模拟燃烧管长度为72cm，内径为7.5cm，壁厚为0.2cm，管外隔热层厚度为1cm，外部空间半径为2m，网格数设置为4×1×18。根据基础实验结果，岩石和流体的热物性参数如表6-9所示。

表6-9　一维燃烧管模型热物性参数表

体积热容			热传导率			
岩芯/ J/(m^3℃)	管壁/ J/(m^3℃)	隔热层/ J/(m^3℃)	岩石/ [J/(md℃)]	水/ [J/(md℃)]	原油/ [J/(md℃)]	气/ [J/(md℃)]
2.58×10^6	4.02×10^6	1.00×10^6	1.63×10^5	5.99×10^4	9.77×10^3	1.90×10^3

模型中设置重质油（Dead_Oil）、中质油（Mid_Oil）、焦炭（COKE）、Soln_Gas（溶解气）四个组分[39,40]。在火烧油层过程中，受到温度和压力的影响，轻质组分首先被驱替到生产井，因此溶解气几乎不参与氧化。重质组分在达到一定温度时会发生裂解反应，生成中质油和焦炭；重质油、中质油和焦炭均可以与氧气结合发生氧化反应，生成水和二氧化碳，并放出热量。因此，模型需要的化学反应方程共有4组，分别为：

裂解反应　$$\text{Dead\_Oil} \longrightarrow \text{Mid\_Oil} + \text{COKE} \tag{6-1}$$

重质油氧化　$$\text{Dead\_Oil} + O_2 \longrightarrow \text{WATER} + CO_2 \tag{6-2}$$

中质油氧化　$$\text{Mid\_Oil} + O_2 \longrightarrow \text{WATER} + CO_2 \tag{6-3}$$

焦炭氧化　$$\text{COKE} + O_2 \longrightarrow \text{WATER} + CO_2 \tag{6-4}$$

（二）实验结果拟合

根据一维燃烧管实验结果，调整化学反应动力学方程中的配平系数、反应活化能、指前因子、放热量等参数，拟合实验的产油量、产气组成、测温点温度等参数（见图6-14），从而确定的化学反应方程配平系数、指前因子、活化能及反应热（见表6-10）。

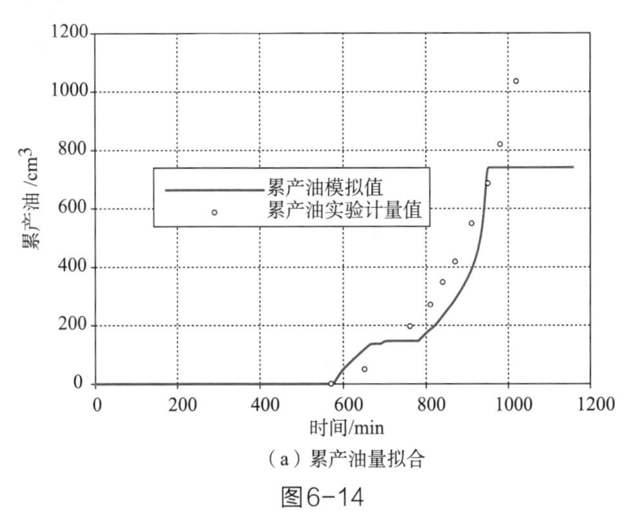

（a）累产油量拟合

图6-14

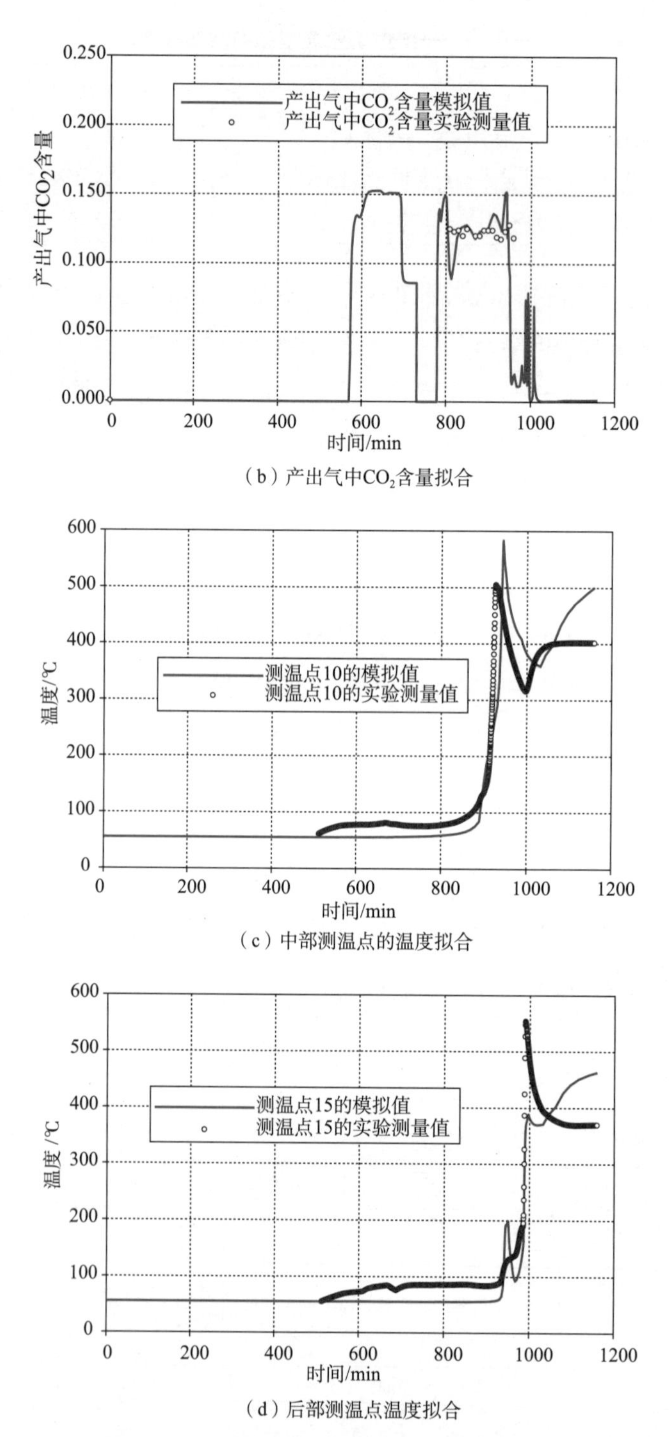

（b）产出气中CO_2含量拟合

（c）中部测温点的温度拟合

（d）后部测温点温度拟合

图6-14　室内燃烧管实验数值模拟拟合结果

表6-10　热化学反应参数拟合结果

反应类型	化学反应方程	指前因子 /s^{-1}·Pa^{-1}	活化能 /（J/mol）	反应热 /（J/mol）
裂解反应	1'Dead_Oil'→ 6.67 'Mid_Oil' +5 'COKE'	1.8×10^{13}	1.3×10^{5}	-9.3×10^{2}
重质油氧化	1'Dead_Oil'+ 15'O_2'→ 47.8'WATER'+5'CO_2'	1.8×10^{12}	1.3×10^{5}	8.0×10^{6}
中质油氧化	1'Mid_Oil' +5.8'O_2'→ 9.7'WATER'+2'CO_2'	5.3×10^{2}	1.3×10^{5}	8.0×10^{6}
焦炭氧化	1'COKE'+1.18'O_2'→1.11'WATER'+0.8'CO_2'	1.5×10^{3}	6.0×10^{4}	5.2×10^{5}

（三）火烧油层油藏方案优化及指标预测

基于实验结果拟合所确定的热化学反应参数，在南堡35-2油田切块模型上开展方案优化及开发指标预测工作。

为选择合适井型，开展井型优化研究，对比了直井、直井/水平井组合和水平井井网（见图6-15）生产10年的开发效果（见表6-11）。计算结果表明，水平井井网单井高峰产能最高，火线推进速度最快，阶段末采出程度最高，空气油比最低。南堡35-2油田吞吐后火烧油层方案建议推荐采用水平井井网开发。

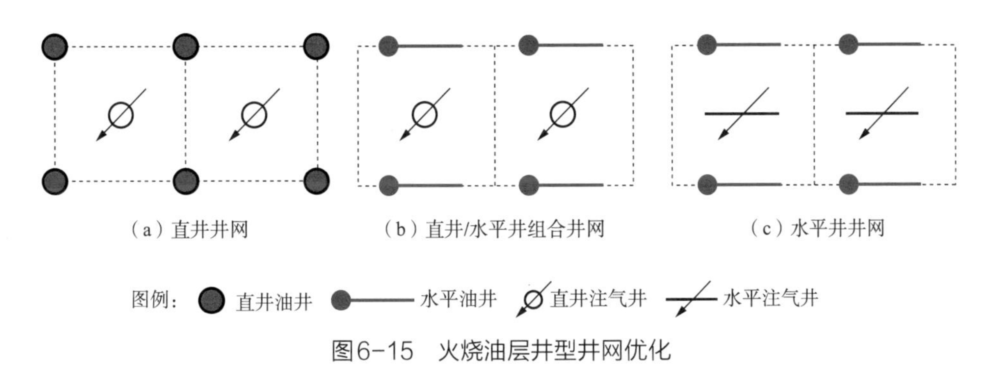

图6-15　火烧油层井型井网优化

表6-11　火烧油层井型优化计算结果统计表

方案	采油井数/口	注气井数/口	总井数/口	单井控制储量/10^4m^3	单井高峰日产油量/m^3/d	阶段累产油量/10^4m^3	阶段采出程度/%	平均火线推进速度/（cm/d）	空气油比/（m^3/m^3）
直井	6	2	8	5.1	26.5	30.3	28.4	4.10	1637
直井/水平井组合	4	2	6	7.6	92.2	34.4	32.2	5.10	1440
水平井	4	2	6	7.6	99.6	42.3	39.6	7.80	1225

驱替模式研究步骤：首先借鉴类似于罗马尼亚Suplacu油田、印度Balol油田及辽河高3-6-18块的“移风接火”线性火驱，即由油藏的顶部井排开始注气，当火线达到第一排采油井附近时将其变为注气井，依次进行，直至火线推进到油藏边部，开发结束。根据数值模拟预测结果，火线从油藏顶部驱替至边部需要25年，远超出目前平台的寿命期，也不符合海上油田高速高效的开发理念，不建议选择此种模式。考虑到该油田属于低幅构造，地层倾角较小，因此在油藏的顶部和中部同时采用2个井排进行线性火驱，加快采油速度。设置井排间距为150m，水平井长度为300m，开发过程如图6-16所示。开发初期有2个井排共7口注汽井，7口采油井。随着火线的推进，增打第三排采油井，并逐渐将注汽井转换至下一井排。预测开发15年共投入开发井22口，累产油$114.4\times10^4m^3$，阶段采出程度47.5%，累计空气油比$1492m^3/m^3$。火线前缘温度可达400～500℃（原始油藏温度为55℃），明显高于注蒸汽的温度，井网控制范围内动用程度很高（见图6-17）。

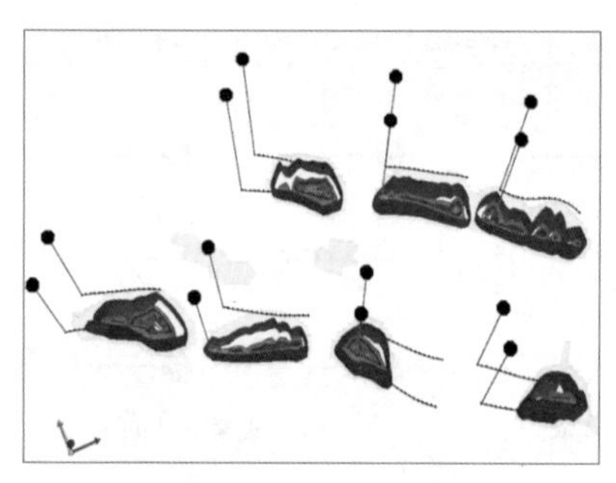

（a）第3年，注气井7口，采油井7口

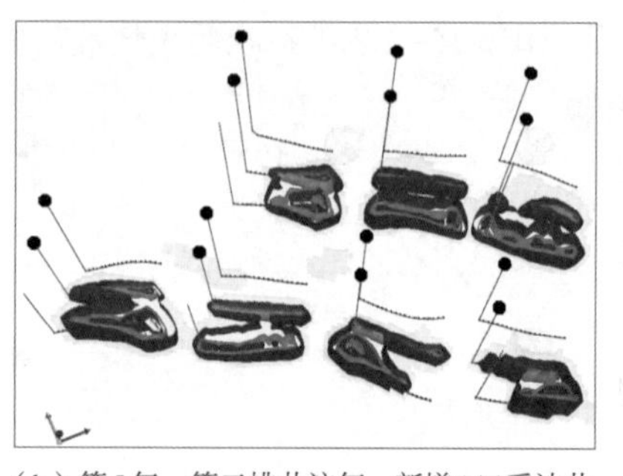

（b）第5年，第二排井注气，新增7口采油井

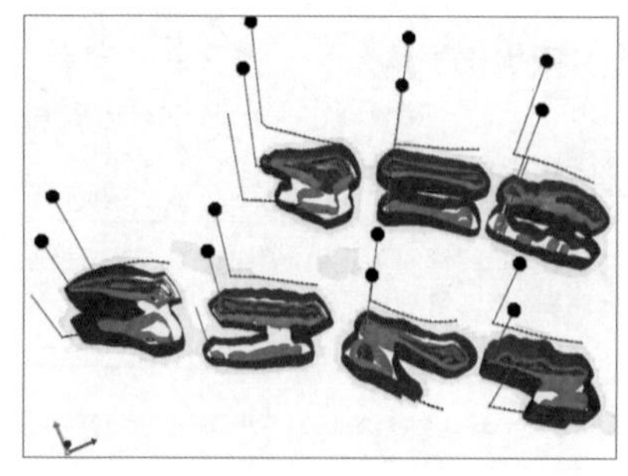

（c）第10年

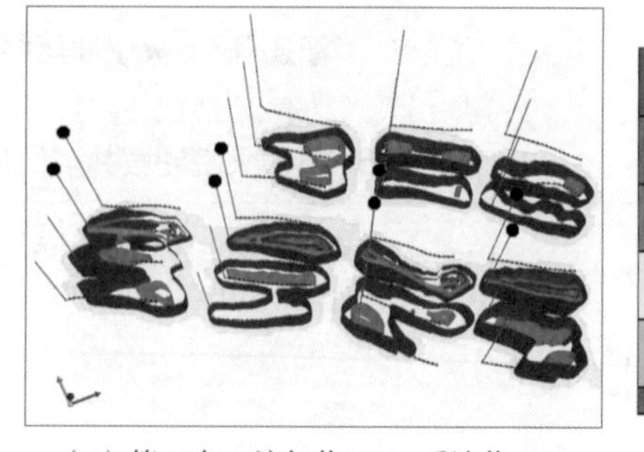

（d）第15年，注气井4口，采油井4口

图6-16　火驱开发过程中温度场变化图

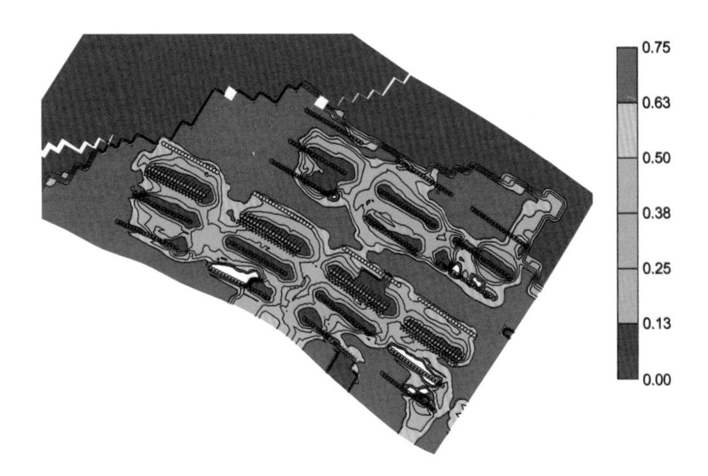

图6-17　火驱开发15年末含油饱和度场

三、海上火烧油层工艺配套技术

（一）空气压缩机

空气压缩机是注汽系统的核心设备。目前国内外现有的注气压缩机尺寸都比较大，对于海上有限的平台空间来说是一个考验。最近几年出现了低压端采用螺杆式压缩、高压端采用活塞式增压的组合式压缩机，可以大大减少压缩机的尺寸，机械效率也较高。通过对注气量和注气压力的优化，该种机型应该可以用于海上稠油注空气火烧油层开发。

（二）点火工艺

不同于轻质油在地层中可实现自燃，稠油油藏火烧油层的点火方式通常需要人工点火，主要点火方式包括电加热点火、化学点火、气体或液体燃料辅助点火等。海上稠油油藏原始地层温度通常不超过60℃，在这种情况下，依靠油藏本身的温度实现自燃通常需要很长时间，并且无法保证充分燃烧。目前较为成熟的点火方式是大功率电加热点火，该点火方式在新疆和辽河火烧油层现场试验广泛应用。对于直井点火，只要点火井完好，可以保证较高的点火成功率。而对于海上油田火烧油层开发，井型主要以定向井和水平井为主，可以采用以连续油管为基础而设计的第三代电加热点火器，能够满足深井、长井段点火要求，同时可以实现沿程均匀注汽。此外，考虑到海上作业的复杂性，通过一定时间的预热后再进行化学点火，也可大大保证点火成功率。

（三）安全适应性分析

火烧油层开发过程中的安全问题，无论是在陆上油田还是海上油田都至关重要。在火烧油层技术应用过程中，安全问题主要涉及故障停机、管网腐蚀以及有毒气体监测等。

（1）注入连续性分析

选定的注气压缩机额定工作压力和排量应该满足油藏工程方案的要求。在火烧油层开发过程中，要保持燃烧带前缘的稳定推进，要求注气必须连续不间断。如果在火烧油层开发过程中特别是点火初期发生注气间断且间断时间较长，则很可能造成燃烧带熄灭，这对火烧油层开发的影响是致命的。因此在注气系统设计时，需在满足油藏方案要求的前提下还要留有余量，保持至少一台以上的备用压缩机。对于任何一个注空气项目，其寿命期内最危险的时间是注气井开始注气的几天或几周，这是因为即使井底稠油被成功地点燃，如果压缩机突然故障停机，注入井中流体就会向地面回流，此时，注入井中一旦混入烃类与空气中未反应的氧气，就会有爆炸的危险。解决这个问题的办法是至少准备一台备用压缩机，一旦主机故障停机，备机立即启动，从而保证注入井的正向压力。在注入井寿命期的后期，由于燃烧带前缘已经远离了近井地带，任何形式的回流都只是含有注入空气和极少量的烃类，大大降低了爆炸的可能。

（2）井筒及管线腐蚀

火烧油层开发过程中最常见的腐蚀是由烟道气中CO_2造成的酸性腐蚀。矿场试验中要对生产井井筒、分离器及排气管线进行防腐处理，还要经常对这些部位进行腐蚀测试。注蒸汽后油藏转火烧油层开发，初期生产井含水率很高，同时伴随着高浓度CO_2，要求井筒和地面管线具有较强的抗酸性腐蚀能力。火烧油层开发过程中另一个容易被忽视的腐蚀环节是注气井井筒的富氧腐蚀。在高压注空气条件下，油管表面所接触到的氧气分子绝对含量远远高于大气中氧气含量（通常为几十倍到上百倍）。在长时间连续注气的情况下，注气油管发生氧化腐蚀的概率大大增加，严重时会在管壁形成大量的氧化铁鳞片堵塞炮眼，造成注气压力升高甚至完全注不进气。因此对注气井的油管要采取相应的防护措施。

（3）产出气体监测

常规的火烧油层开发过程主要的产出气体包括CO_2、N_2和O_2等。CO_2/N_2比是氧化/燃烧状态的一个很好的指示参数。理论上O_2也是一个重要的指示参数，但O_2可以在反应带的下游被消耗掉，因此在生产井中，并不能保证O_2参与燃烧反应（该反应对热前缘有效驱油至关重要）而被消耗。从安全的角度来看，生产井出现一定浓度的O_2的确是个问题，这也是一定要确保燃烧带快速点燃的原因。CO浓度也要检测，但此项参数居于次要地位，主要原因是在矿场实践中CO通常只是当高温区接近生产井时才产出。

注空气过程是一个放热过程，这就意味着油藏中与空气接触的部分温度会升高。在产出气体中会出现低浓度的H_2S。H_2S产生的机理尚未完全搞清楚，甚至在室内实验过程中H_2S的产出也是断断续续的。通常硫来源于原油，但也可能产自固体含硫化合物（如黄铁矿和煤）。需要注意的是，油田产出气体中也可能含有溶解气。

实施火烧油层的项目要建立健康、安全、环保的管理体系，对各种可能发生的事故进行风险识别，并进行风险评价，制定出相应的风险削减措施和具体的防范办法，组织专门人员进行风险控制，要把风险控制贯穿于整个火烧过程，始终坚持“环保优先，安全第一，以人为本”的原则。

参 考 文 献

[1] SY/T 6169—1995油藏分类[S]. 行业标准，北京：石油工业出版社，1995.

[2] 郭太现，苏彦春. 渤海稠油油藏开发现状和技术发展方向[J]，中国海上油气，2013，25(4):26-30.

[3] 刘文章，等. 采油技术手册[M]. 北京：石油工业出版社，1996.

[4] 陈明. 海上稠油热采技术探索与实践[M]. 北京：石油工业出版社，2012.

[5] 张义堂，等. 热力采油提高采收率技术[M]. 北京：石油工业出版社，2006.

[6] 李爱芬. 油层物理学[M]. 北京：中国石油大学出版社，2011.

[7] 杨胜来，魏俊之. 油层物理学[M]. 北京：石油工业出版社，2006.

[8] 张兆武，汤文玲，史文选，等. 探讨确定岩石压缩系数方法研究及应用[C]. "机遇·挑战·责任"吉林省科学技术学术年会，2002.

[9] 李传亮. 岩石压缩系数测量新方法[J]. 大庆石油地质与开发，2008，27(3):53-54.

[10] SY/T 5815—2016，岩石孔隙体积压缩系数测定方法[S]. 北京：石油工业出版社，2016.

[11] W.H.Somerton, A.H.EI-Shaarani.andS.M.Mobarak. 1974. High Temperature Behavior of Rocks Associated with Geothermal Type Reservoirs.SPE 4897.

[12] Von Goten,W.D., and Choudhary, B.K.1969.Effect of Pressure and Temperature on Pore Volume Compressibility. SPE 2526.

[13] Hall, H.N.1953. Compressibility of Reservoir Rocks. Trans. AIME198, 309.

[14] Fatt, I.1953. Pore Volume Compressibilities of Sandstone Reservoir Rocks. Trans. AIME213,362.

[15] 杨东东，戴卫华，张迎春，等. 渤海砂岩油田岩石压缩系数经验公式研究 [J]. 中国海上油气，2010，22(5):317−319.

[16] Yan Chuanliang, Li Yang, Tian Ji,. Experimental Research on Compressive Coefficient of Heavy Oil Reservoir on Bohai Bay Oilfield, 2017 International Field Exploration and Development Conference, 2017.9.

[17] Chuanliang Yan, Yuanfang Cheng, Fucheng Deng, Ji Tian. Permeability change caused by stress damage of gas shale [J]. Energies, 2017.9.

[18] Yan Chuanliang, Cheng Yuanfang, Tian Ji,. The Influence of Steam Stimulation on Compression Coefficient of Heavy Oil Reservoirs [J]. Journal of Petroleum Exploration and Production Technology. 2017.

[19] 李传亮. 低渗透储层存在强应力敏感吗？——回应窦宏恩先生 [J]. 石油钻采工艺，2010，32(1):123−126.

[20] 李存宝，谢凌志，陈森，等. 油砂力学及热学性质的试验研究 [J]. 岩土力学，2015，36(8):2298−2306.

[21] 张元中，楚泽涵，陈颙. 岩石热开裂研究现状及其应用前景 [J]. 特种油气藏，1991，16(2):1−5.

[22] 尹土兵，李夕兵，殷志强，等. 高温后砂岩静动态力学特性研究与比较 [C]. 中南地区mts材料试验学术会议，2014.

[23] Q/HS 2046—2008，海上油田油井初期产能预测方法 [S]. 北京：中国海洋石油总公司，2008.

[24] 陈月明. 注蒸汽热力采油 [M]. 东营：石油大学出版社，2002.

[25] 刘喜林. 难动用储量开发稠油开采技术 [M]. 北京：石油工业出版社，2005.

[26] 赵洪岩，鲍君刚，马凤，等. 稠油油藏蒸汽吞吐采收率确定方法 [J]. 特种油气藏，2001，8(4): 40−42.

[27] 杨戬，等. 考虑稠油非牛顿性质的蒸汽吞吐产能预测模型 [J]，石油学报，2017，38(1)：84−90.

[28] 陈元千. 水平井产量公式的推导与对比 [J]. 新疆石油地质，2008，

29(1): 68−71.

［29］Boberg. T.C. Thermal methods of oil recovery［M］. New York: John Wiley & Sons, Inc,1988.

［30］万仁溥，罗英俊. 采油技术手册［M］. 北京：石油工业出版社，2008.

［31］刘新光，田冀，李娜，等. 海上稠油热采开发经济界限研究［J］. 特种油气藏，2016，23(3):106−109.

［32］张维申. 水平井在齐604块薄层稠油热采中的应用［J］. 特种油气藏，2008,15(3):49−55.

［33］李敬松，杨兵，张贤松，等. 稠油油藏水平井复合吞吐开采技术研究［J］. 油气藏评价与开发，2014，4(4):42−46.

［34］郑伟，袁忠超，田冀，等. 渤海稠油不同吞吐方式效果对比及优选［J］. 特种油气藏，2014，21(3):79−82.

［35］张义堂. 热力采油提高采收率技术［J］. 北京：石油工业出版社，2006.

［36］郭建国，乔晶. 水平井开发杜84块馆陶超稠油藏方案优化及应用［J］. 钻采工艺，2005，28(3):43−46.

［37］张锐. 稠油热采技术［M］. 北京：石油工业出版社，1999.

［38］火烧油层采油技术基础及其应用［M］. 北京：石油工业出版社，2015.

［39］张方礼，刘其成，赵庆辉，等. 火烧油层燃烧反应数学模型研究［J］. 特种油气藏，2012，19(5):55−59.

［40］席长丰，关文龙，蒋友伟，等. 注蒸汽后稠油油藏火驱跟踪数值模拟技术——以新疆H1块火驱试验区为例［J］. 石油勘探与开发，2013，40(6): 715−722.